Summende Gärten: Ein umfassender Ratgeber für bienenfreundliches Gärtnern

Nachhaltige Pflanzenauswahl, Pflegepraktiken und Schutzmaßnahmen für Bienen und andere Bestäuber

Felix Grünwald

Copyright & Impressum
© 2024 Felix Grünwald
Alle Rechte vorbehalten. Dieses Buch, einschließlich seiner Teile, ist urheberrechtlich geschützt. Jede Verwertung außerhalb der engen Grenzen des Urheberrechtsgesetzes ist ohne Zustimmung des Autors unzulässig und strafbar. Dies gilt insbesondere für Vervielfältigungen, Übersetzungen, Mikroverfilmungen und die Einspeicherung und Verarbeitung in elektronischen Systemen.

Haftungsausschluss:
Die Inhalte dieses Buches wurden mit größter Sorgfalt erstellt. Der Autor übernimmt jedoch keine Gewähr für die Richtigkeit, Vollständigkeit und Aktualität der Inhalte. Die Nutzung der Inhalte erfolgt auf eigene Verantwortung. Der Autor haftet nicht für etwaige Schäden, die direkt oder indirekt durch die Anwendung der im Buch enthaltenen Informationen entstehen könnten.

Impressum
Herausgegeben von Louis Schlett
Oberhofer Platz 9
80807 München

Inhaltsverzeichnis

Einleitung 4

Kapitel 1: Die Welt der Bienen 13

Kapitel 2: Andere Bestäuber im Garten und ihre Bedeutung..27

Kapitel 3: Warum sind Bienen bedroht? 60

Kapitel 4: Bienenfreundlicher Garten – Grundlagen..............85

Kapitel 5: Gestaltungsideen für verschiedene Garten- und Balkonflächen..107

Kapitel 6: Praktische Anleitungen für den bienenfreundlichen Garten 127

Kapitel 7: Pflege des bienenfreundlichen Gartens durch die Jahreszeiten..147

Kapitel 8: Zusätzliche Anregungen und Extras....................161

Schlusswort..185

Anhang 190

Warum dieses Buch?

Einleitung

In einer Zeit, in der die Natur zunehmend unter Druck gerät, erkennen immer mehr Menschen die Bedeutung von Bienen und anderen Bestäubern für unser Ökosystem. Der Autor dieses Buches, ein leidenschaftlicher Gärtner und Naturliebhaber, machte vor einigen Jahren eine überraschende Entdeckung: Sein eigener, sorgfältig gepflegter Garten bot kaum Lebensraum für Insekten. Diese Erkenntnis markierte den Beginn einer spannenden Reise, die ihn tief in die Welt der bienenfreundlichen Gartengestaltung führte.

Der Weg zur Veränderung begann damit, dass der Autor exotische Zierpflanzen durch heimische Arten ersetzte, Wildblumenwiesen anlegte und Nistmöglichkeiten für Wildbienen schuf. Schon bald stellte sich ein bemerkenswerter Wandel ein: Der zuvor stille und leblos wirkende Garten begann zu summen und zu brummen, als Insekten in Scharen zurückkehrten.

Diese Transformation war nicht nur ein Gewinn für die Natur. Der Autor selbst entdeckte eine neue Leidenschaft, die ihn dazu brachte, sich intensiv mit der Materie auseinanderzusetzen. Fachliteratur, Seminare und der Austausch mit Experten vertieften sein Wissen. Er erkannte, dass jeder Garten, ob groß oder klein, einen wertvollen Beitrag zum Erhalt der Biodiversität leisten kann.

Doch nicht nur sein Garten profitierte von diesem Wissen. Auch der Balkon seiner Stadtwohnung verwandelte sich in ein blühendes Paradies für Bienen und Schmetterlinge. Dies zeigte ihm, dass selbst auf begrenztem Raum viel bewirkt werden kann.

Getrieben von der Begeisterung für das Thema und ermutigt durch das positive Feedback von Freunden und Nachbarn, begann der Autor, sein

Warum dieses Buch?

Wissen weiterzugeben. Er beriet andere dabei, ihre Gärten und Balkone bienenfreundlicher zu gestalten. Das wachsende Interesse und die spürbaren Erfolge in seinem Umfeld bestärkten ihn in der Idee, dieses Buch zu schreiben.

Dieses Buch ist das Ergebnis jahrelanger praktischer Erfahrung und intensiver Recherche. Es ist eine Einladung an alle, ihre Umgebung in blühende Oasen zu verwandeln – sei es im weitläufigen Garten oder auf dem kleinen Stadtbalkon. Der Schutz der Bienen und Bestäuber liegt in unseren Händen, und dieses Buch zeigt, wie jeder Einzelne einen Unterschied machen kann.

Die Rolle der Bienen in unserem Ökosystem

Bienen sind wahre Meisterwerke der Natur und spielen eine entscheidende Rolle in unserem Ökosystem. Ihre Bedeutung geht weit über die Produktion von Honig hinaus. Als fleißige Bestäuber sind sie unverzichtbar für die Erhaltung der Artenvielfalt und die Sicherung unserer Nahrungsmittelversorgung.

In Deutschland gibt es über 560 Wildbienenarten, darunter die allseits bekannte Honigbiene. Jede dieser Arten hat ihre eigenen Vorlieben und Spezialisierungen. Während einige Bienen Generalisten sind und viele verschiedene Pflanzenarten bestäuben, haben sich andere auf bestimmte Blüten spezialisiert. Diese Vielfalt sorgt dafür, dass ein breites Spektrum an Pflanzen bestäubt wird.

Die Bestäubungsleistung der Bienen ist beeindruckend. Eine einzelne Honigbiene kann an einem Tag bis zu 3000 Blüten besuchen. Dabei sammelt sie nicht nur Nektar und Pollen für sich und ihren Stock, sondern transportiert auch Pollen von Blüte zu Blüte. Dieser Prozess ist für die Fortpflanzung vieler Pflanzenarten unerlässlich.

In der Natur sorgen Bienen für die Bestäubung von Wildpflanzen und tragen so zur Erhaltung der Biodiversität bei. Viele Wildpflanzen sind auf spezifische Bestäuber angewiesen. Ohne diese würden sie aussterben, was wiederum Auswirkungen auf andere Tierarten hätte, die von diesen Pflanzen abhängig sind. So bilden Bienen ein wichtiges Glied in der ökologischen Nahrungskette.

In der Landwirtschaft sind Bienen von unschätzbarem Wert. Etwa 75% der wichtigsten Nutzpflanzen weltweit profitieren von der Bestäubung durch Insekten, wobei Bienen den Löwenanteil übernehmen. Obstbäume wie Äpfel, Birnen und Kirschen sind besonders auf Bienenbestäubung angewiesen. Ohne Bienen würden die Erträge drastisch sinken und die Qualität der Früchte leiden.

Die Rolle der Bienen in unserem Ökosystem

Auch im Gemüseanbau spielen Bienen eine wichtige Rolle. Kürbisse, Gurken und Tomaten sind nur einige Beispiele für Gemüsesorten, die von der Bestäubung durch Bienen profitieren. Selbst bei Pflanzen, die sich selbst bestäuben können, führt die Fremdbestäubung durch Bienen oft zu höheren Erträgen und einer besseren Fruchtqualität.

Die ökonomische Bedeutung der Bestäubungsleistung von Bienen ist enorm. Schätzungen zufolge beträgt der wirtschaftliche Wert der Bienenbestäubung in der Europäischen Union jährlich etwa 22 Milliarden Euro. Weltweit wird der Wert auf über 150 Milliarden Euro geschätzt. Diese Zahlen verdeutlichen, wie abhängig unsere Nahrungsmittelproduktion von diesen kleinen Insekten ist.

Doch die Bienenpopulationen stehen unter Druck. Intensive Landwirtschaft, der Einsatz von Pestiziden, der Verlust von Lebensräumen und der Klimawandel setzen den Bienen zu. In den letzten Jahrzehnten wurde ein besorgniserregender Rückgang der Bienenpopulationen beobachtet. Dieser Trend gefährdet nicht nur die Biodiversität, sondern auch unsere Ernährungssicherheit.

Die Erhaltung und Förderung von Bienenpopulationen ist daher eine gesamtgesellschaftliche Aufgabe. Jeder kann dazu beitragen, sei es durch die bienenfreundliche Gestaltung des eigenen Gartens oder Balkons, den Verzicht auf Pestizide oder die Unterstützung von Naturschutzprojekten.

Überblick: Bedrohungen der Bienenpopulationen

In den letzten Jahrzehnten haben Wissenschaftler und Umweltschützer einen alarmierenden Rückgang der Bienenpopulationen weltweit festgestellt. In einigen Regionen sind bestimmte Bienenarten um bis zu 40% zurückgegangen. Diese Entwicklung stellt eine ernsthafte Bedrohung für die Biodiversität und die Nahrungsmittelproduktion dar. Die Gründe für diesen Rückgang sind vielfältig und komplex, wobei mehrere Faktoren zusammenwirken und die Existenz der Bienen gefährden.

Pestizideinsatz

Eine der Hauptbedrohungen für Bienen ist der intensive Einsatz von Pestiziden in der modernen Landwirtschaft. Besonders problematisch sind Neonikotinoide, eine Klasse von Insektiziden, die das Nervensystem der Insekten angreifen. Diese Substanzen können bei Bienen zu Orientierungsverlust, verminderter Fruchtbarkeit und erhöhter Anfälligkeit für Krankheiten führen. Obwohl einige Länder bereits Verbote oder Einschränkungen für bestimmte Neonikotinoide erlassen haben, werden diese Pestizide in vielen Teilen der Welt noch immer großflächig eingesetzt.

Verlust von Lebensräumen

Ein weiterer großer Risikofaktor ist der Verlust von Lebensräumen. Die Intensivierung der Landwirtschaft hat zur Verringerung der Artenvielfalt in der Agrarlandschaft geführt. Monokulturen, der Verlust von Hecken und Feldrainen sowie die Zerstörung von Wildblumenwiesen haben das Nahrungsangebot für Bienen drastisch reduziert. Auch in städtischen Gebieten führt die zunehmende Versiegelung von Flächen zu einem Verlust von Lebensräumen und Nahrungsquellen.

Klimawandel

Überblick: Bedrohungen der Bienenpopulationen

Der Klimawandel übt zusätzlichen Druck auf die Bienenpopulationen aus. Veränderte Wettermuster, häufigere Extremwetterereignisse und Verschiebungen in den Blühzeiten von Pflanzen stören die natürlichen Rhythmen der Bienen. Beispielsweise können mildere Winter dazu führen, dass Bienen ihre Winterruhe früher beenden, aber nicht genügend Nahrung finden. Hitzewellen und Dürreperioden im Sommer können das Nahrungsangebot weiter verringern und den Stress für die Bienen erhöhen.

Parasiten und Krankheiten

Parasiten und Krankheiten sind ebenfalls eine ernste Bedrohung. Die Varroa-Milbe, ursprünglich nur bei asiatischen Honigbienen vorkommend, hat sich weltweit ausgebreitet und richtet in Bienenvölkern große Schäden an. Diese Milben schwächen nicht nur die Bienen, sondern übertragen auch Viren, die ganze Kolonien zerstören können. Zudem bedrohen Pilzerkrankungen wie Nosema und bakterielle Infektionen wie die Amerikanische Faulbrut die Gesundheit der Bienenvölker.

Auswirkungen der kommerziellen Bienenhaltung

Die intensive Bienenhaltung in der kommerziellen Imkerei kann ebenfalls Probleme verursachen. Eine hohe Dichte von Bienenvölkern auf engem Raum begünstigt die Ausbreitung von Krankheiten und Parasiten. Zudem kann der Transport von Bienenvölkern über weite Strecken, wie er in der Bestäubungswirtschaft üblich ist, zusätzlichen Stress für die Tiere bedeuten.

Lichtverschmutzung

Ein oft übersehener Faktor ist die Lichtverschmutzung in städtischen Gebieten. Künstliche Beleuchtung in der Nacht kann die natürlichen

Überblick: Bedrohungen der Bienenpopulationen

Verhaltensweisen und Rhythmen der Bienen stören, insbesondere ihre Orientierung und Nahrungssuche.

Wechselwirkungen der Bedrohungen

Diese vielfältigen Bedrohungen wirken nicht isoliert, sondern verstärken sich gegenseitig. Ein durch Pestizide geschwächtes Bienenvolk ist anfälliger für Krankheiten und Parasiten. Gleichzeitig macht der Verlust von Lebensräumen die Bienen anfälliger für die Auswirkungen des Klimawandels, da sie weniger Ausweichmöglichkeiten haben.

Ein ganzheitlicher Lösungsansatz

Die Komplexität dieser Herausforderungen zeigt, dass es keinen einfachen Lösungsansatz gibt. Vielmehr ist ein ganzheitlicher Ansatz erforderlich, der verschiedene Maßnahmen kombiniert, um die Bienenpopulationen zu schützen und zu fördern. In den folgenden Kapiteln dieses Buches werden wir solche Maßnahmen detailliert besprechen und zeigen, wie jeder Einzelne einen Beitrag leisten kann.

In der DACH-Region (Deutschland, Österreich, Schweiz) haben die Behörden in den letzten Jahren verstärkt Maßnahmen ergriffen, um den Einsatz bienenschädlicher Pestizide zu regulieren. In Deutschland beispielsweise hat das Bundesamt für Verbraucherschutz und Lebensmittelsicherheit (BVL) den Einsatz von Neonikotinoiden wie Imidacloprid, Clothianidin und Thiamethoxam für die Freilandanwendung verboten. Diese Entscheidung folgte einem EU-weiten Verbot dieser Substanzen im Jahr 2018.

In Österreich gelten ähnliche Beschränkungen. Das Bundesamt für Ernährungssicherheit (BAES) hat den Einsatz von Neonikotinoiden ebenfalls stark eingeschränkt. Die Schweiz hat sich diesen Maßnahmen

Überblick: Bedrohungen der Bienenpopulationen

angeschlossen und den Einsatz von Neonikotinoiden in der Freilandanwendung untersagt.

Trotz dieser Verbote bleiben Herausforderungen bestehen. In allen drei Ländern sind bestimmte Pestizide wie Glyphosat noch immer zugelassen, deren Auswirkungen auf Bienen umstritten sind. Zudem gibt es Ausnahmeregelungen für den Einsatz von Neonikotinoiden in Gewächshäusern oder für bestimmte Kulturen, was weiterhin Risiken für Bienenpopulationen bergen kann.

Die Auswirkungen dieser Regulierungen auf die Bienenpopulationen in der DACH-Region sind spürbar, aber nicht eindeutig. Einerseits haben Imker und Naturschützer in einigen Gebieten eine Erholung der Bienenpopulationen beobachtet. Andererseits bleiben die langfristigen Folgen des jahrelangen Einsatzes dieser Pestizide noch abzuwarten. Zudem stehen die Bienen in der Region weiterhin vor anderen Herausforderungen wie dem Verlust von Lebensräumen und den Auswirkungen des Klimawandels.

Die Situation in der DACH-Region verdeutlicht die Komplexität des Problems. Während Fortschritte bei der Regulierung schädlicher Pestizide gemacht wurden, zeigt sich auch, dass der Schutz der Bienen ein multidimensionales Thema ist, das über den reinen Pestizideinsatz hinausgeht. Es erfordert ein Zusammenspiel von politischen Maßnahmen, landwirtschaftlichen Praktiken und dem Engagement der Bevölkerung.

In diesem Kontext gewinnt die Gestaltung bienenfreundlicher Gärten und Balkone in der DACH-Region zunehmend an Bedeutung. Sie bietet eine Möglichkeit für jeden Einzelnen, aktiv zum Schutz der Bienen beizutragen. Durch die Schaffung kleiner Oasen in städtischen und

Überblick: Bedrohungen der Bienenpopulationen

ländlichen Gebieten können Bienen und andere Bestäuber unterstützt werden, indem ihnen Nahrung und Lebensraum geboten wird.

Die Bemühungen in der DACH-Region, bienenfreundliche Umgebungen zu schaffen, gehen über private Initiativen hinaus. Städte und Gemeinden haben begonnen, öffentliche Grünflächen umzugestalten, um sie bienenfreundlicher zu machen. In Städten wie Wien, Zürich und München wurden Programme ins Leben gerufen, um Wildblumenwiesen anzulegen und den Einsatz von Pestiziden in öffentlichen Parks zu reduzieren.

Diese Entwicklungen zeigen, dass der Schutz der Bienen in der DACH-Region zu einem gesamtgesellschaftlichen Anliegen geworden ist. Während die Regulierung von Pestiziden auf nationaler und EU-Ebene weiterhin eine wichtige Rolle spielt, gewinnen lokale und individuelle Maßnahmen zunehmend an Bedeutung.

Kapitel 1: Die Welt der Bienen

Wenn man von Bienen spricht, denken die meisten Menschen zunächst an die Honigbiene. Doch die Welt der Bienen ist weitaus vielfältiger und faszinierender, als es auf den ersten Blick erscheinen mag. In der Tat gibt es neben der allseits bekannten Honigbiene eine Vielzahl von Wildbienen und anderen bestäubenden Insekten, die alle ihre eigene wichtige Rolle im Ökosystem spielen.

Die Honigbiene (Apis mellifera) ist zweifellos die bekannteste Vertreterin ihrer Art. Sie lebt in großen Kolonien, die aus bis zu 60.000 Individuen bestehen können. Diese sozialen Insekten sind hochorganisiert und haben eine klare Arbeitsteilung: Die Königin legt die Eier, die Drohnen sind für die Befruchtung zuständig, und die Arbeiterinnen kümmern sich um den Nachwuchs, sammeln Nektar und Pollen und verteidigen den Stock. Honigbienen sind bekannt für ihre Fähigkeit, Honig zu produzieren und zu speichern, was sie für die Imkerei besonders wertvoll macht.

Im Gegensatz dazu leben die meisten Wildbienen solitär. Von den über 550 Wildbienenarten in Deutschland, Österreich und der Schweiz sind nur wenige sozial organisiert. Wildbienen unterscheiden sich in vielerlei Hinsicht von ihren domestizierten Verwandten. Sie produzieren keinen Honig und leben oft allein oder in kleinen Gruppen. Jedes Weibchen baut ihr eigenes Nest und versorgt ihre Nachkommen selbst. Diese Nester können an den unterschiedlichsten Orten angelegt werden: in Holz, in Pflanzenstängeln, im Boden oder sogar in leeren Schneckenhäusern.

Eine besonders interessante Gruppe unter den Wildbienen sind die Hummeln. Sie bilden kleine Kolonien, die jedoch wesentlich kleiner sind als die der Honigbienen. Hummeln sind robust und können auch bei kühleren Temperaturen fliegen, was sie zu wichtigen Bestäubern in kälteren Regionen und zu frühen Jahreszeiten macht.

Neben den Bienen gibt es noch andere wichtige Bestäuber. Schmetterlinge zum Beispiel sind nicht nur schön anzusehen, sondern spielen auch eine wichtige Rolle bei der Bestäubung. Mit ihren langen Rüsseln können sie Nektar aus tiefen Blüten saugen und dabei Pollen von Pflanze zu Pflanze transportieren. Auch Nachtfalter sind wichtige Bestäuber, insbesondere für Pflanzen, die nachts blühen.

Schwebfliegen sind weitere bedeutende Bestäuber. Diese Insekten, die oft für Wespen gehalten werden, sind harmlos und sehr effektiv in der Bestäubung. Sie besuchen eine Vielzahl von Blüten und tragen so zur Verbreitung von Pollen bei.

Selbst einige Käferarten beteiligen sich an der Bestäubung. Obwohl sie weniger effizient sind als Bienen oder Schmetterlinge, spielen sie dennoch eine Rolle in bestimmten Ökosystemen.

Ein wesentlicher Unterschied zwischen Honigbienen und vielen anderen Bestäubern liegt in ihrer Spezialisierung. Während Honigbienen Generalisten sind und eine Vielzahl von Blüten besuchen, haben sich viele Wildbienenarten auf bestimmte Pflanzenarten spezialisiert. Diese enge Beziehung zwischen Pflanze und Bestäuber hat sich oft über Millionen von Jahren entwickelt und ist für das Überleben beider Arten entscheidend.

Die verschiedenen Bestäuber unterscheiden sich auch in ihrer Effizienz und in der Art, wie sie Pollen sammeln und transportieren. Honigbienen haben spezielle Strukturen an ihren Hinterbeinen, die sogenannten Pollenhöschen, in denen sie große Mengen Pollen sammeln können. Viele Wildbienen hingegen tragen den Pollen an den Haaren ihres

Körpers, was oft zu einer effektiveren Bestäubung führt, da mehr Pollen von Blüte zu Blüte übertragen wird.

Die Vielfalt der Bestäuber spiegelt sich auch in der Vielfalt ihrer Lebensräume wider. Während Honigbienen oft in von Menschen bereitgestellten Bienenstöcken leben, haben Wildbienen und andere Bestäuber sehr unterschiedliche Ansprüche an ihren Lebensraum. Manche brauchen offene Sandflächen zum Nisten, andere hohle Pflanzenstängel oder morsche Holzstücke. Diese Vielfalt der Lebensraumansprüche macht deutlich, wie wichtig es ist, verschiedene Habitatstrukturen in unserer Umgebung zu erhalten und zu fördern.

Lebenszyklus und Verhalten von Bienen

Der Lebenszyklus einer Biene beginnt mit einem winzigen Ei. Bei der Honigbiene legt die Königin täglich bis zu 2000 Eier in die Waben des Bienenstocks. Jedes Ei ist etwa 1,5 Millimeter lang und wird sorgfältig in eine sechseckige Zelle platziert. Nach drei Tagen schlüpft aus dem Ei eine kleine, weiße Larve.

Die Larvenphase ist eine Zeit intensiven Wachstums. Arbeiterinnen, auch Ammenbienen genannt, füttern die Larven unermüdlich mit einer Mischung aus Honig, Pollen und Königinnenfuttersaft. Diese proteinreiche Nahrung ermöglicht es den Larven, innerhalb von nur sechs Tagen auf das 1500-fache ihrer ursprünglichen Größe heranzuwachsen.

Am Ende der Larvenphase verschließen die Arbeiterinnen die Zelle mit einem Wachsdeckel. Nun beginnt die Puppenphase, in der sich die Larve in eine erwachsene Biene verwandelt. Während dieser Zeit findet eine komplette Metamorphose statt: Flügel, Beine und andere Organe entwickeln sich. Nach etwa 12 Tagen ist die Verwandlung abgeschlossen, und die junge Biene nagt sich durch den Wachsdeckel, um in die Welt des Bienenstocks einzutreten.

Die ersten Aufgaben einer jungen Arbeiterin konzentrieren sich auf den Innenbereich des Stocks. Sie beginnt als Putzbiene, reinigt Zellen und bereitet sie für neue Eier vor. Mit zunehmendem Alter übernimmt sie verschiedene Aufgaben: Sie füttert Larven, produziert Wachs für den Wabenbau, verarbeitet den von älteren Bienen gesammelten Nektar zu Honig und bewacht den Eingang des Stocks.

Erst im Alter von etwa drei Wochen unternimmt eine Arbeiterin ihren ersten Orientierungsflug. Sie verlässt den Stock und fliegt in immer größer werdenden Kreisen um ihn herum, um sich die Umgebung einzuprägen. Diese Flüge sind entscheidend für die spätere Navigation während der Sammelflüge.

Mit etwa 21 Tagen beginnt die letzte Phase im Leben einer Arbeiterin: Sie wird zur Sammlerin. Ausgestattet mit einem erstaunlichen Navigationssystem, das auf der Sonnenposition und dem Erdmagnetfeld basiert, fliegt sie aus, um Nektar, Pollen, Wasser und Propolis (Kittharz) zu sammeln. Eine Sammlerin kann bis zu fünf Kilometer weit fliegen und dabei hunderte von Blüten besuchen.

Die Kommunikation zwischen den Bienen spielt eine zentrale Rolle in ihrem Verhalten. Wenn eine Sammlerin eine ergiebige Nahrungsquelle entdeckt, teilt sie diese Information mit ihren Artgenossinnen durch den berühmten Bienentanz mit. Der Schwänzeltanz, entdeckt von Karl von Frisch, vermittelt präzise Informationen über Richtung und Entfernung der Nahrungsquelle.

Das Leben einer Arbeiterin ist kurz und intensiv. Im Sommer lebt sie nur etwa vier bis sechs Wochen. In dieser Zeit fliegt sie bis zu 800 Kilometer und besucht Millionen von Blüten. Winterbienen, die im Herbst schlüpfen, können hingegen mehrere Monate leben, da sie weniger aktiv sind und ihre Energie für die Überwinterung des Volkes aufsparen.

Die Königin hat einen anderen Lebenszyklus. Sie wird in einer speziellen, größeren Zelle aufgezogen und ausschließlich mit Königinnenfuttersaft ernährt. Nach dem Schlüpfen unternimmt sie einen Hochzeitsflug, bei dem sie sich mit mehreren Drohnen paart. Anschließend kehrt sie in den Stock zurück und beginnt mit der Eiablage. Eine Königin kann mehrere Jahre leben und in dieser Zeit Millionen von Eiern legen.

Lebenszyklus und Verhalten von Bienen

Drohnen, die männlichen Bienen, haben eine spezielle Rolle. Ihre einzige Aufgabe ist die Paarung mit einer Königin. Sie schlüpfen aus unbefruchteten Eiern und leben etwa acht Wochen. Im Herbst werden sie aus dem Stock vertrieben, da sie für die Überwinterung des Volkes nicht benötigt werden.

Das Verhalten der Bienen ist komplex und faszinierend. Sie zeigen ein hohes Maß an sozialer Organisation und Arbeitsteilung. Jede Biene weiß instinktiv, welche Aufgabe sie zu erfüllen hat, und arbeitet unermüdlich für das Wohl des gesamten Volkes.

Ein besonders interessantes Verhalten ist die Thermoregulation im Bienenstock. Bienen halten die Temperatur im Brutnest konstant bei etwa 35°C. Bei Hitze fächeln sie mit ihren Flügeln, um Luft zu bewegen und bringen Wasser in den Stock, das sie verteilen und verdunsten lassen. Bei Kälte erzeugen sie Wärme durch Muskelzittern und bilden eine dichte Traube um die Brut.

Das Schwarmverhalten ist ein weiterer faszinierender Aspekt des Bienenlebens. Wenn ein Volk zu groß wird, zieht ein Teil mit der alten Königin aus, um eine neue Kolonie zu gründen. Dieser Prozess ist ein natürlicher Weg der Vermehrung und Ausbreitung von Bienenvölkern.

Die Vielfalt der Wildbienen in der DACH-Region

In der DACH-Region, bestehend aus Deutschland, Österreich und der Schweiz, existiert eine beeindruckende Vielfalt an Wildbienenarten. Insgesamt sind in diesem Gebiet über 700 verschiedene Arten beheimatet, jede mit ihren eigenen faszinierenden Eigenschaften und spezifischen Bedürfnissen.

Eine der bekanntesten Wildbienenarten ist die Rote Mauerbiene (Osmia bicornis). Diese fleißigen Bestäuber sind im Frühjahr aktiv und zeichnen sich durch ihren rostroten Pelz aus. Sie nisten in vorhandenen Hohlräumen wie Pflanzenstängeln oder Bohrlöchern in Holz. Die Rote Mauerbiene benötigt für ihre Brut eine Vielzahl von Pollen verschiedener Pflanzenarten und ist daher auf eine diverse Blütenlandschaft angewiesen.

Die Gehörnte Mauerbiene (Osmia cornuta) ist eine weitere häufig anzutreffende Art. Sie fliegt bereits ab Februar und ist damit eine der ersten aktiven Wildbienen im Jahr. Ihr Name leitet sich von den hornartigen Fortsätzen am Kopf der Weibchen ab. Wie ihre Verwandte, die Rote Mauerbiene, nistet sie in Hohlräumen und benötigt eine vielfältige Pollennahrung.

Eine besonders interessante Art ist die Blattschneiderbiene (Megachile sp.). Diese Bienen schneiden mit ihren Mundwerkzeugen kleine Blattstücke aus, die sie zum Auskleiden ihrer Nisthöhlen verwenden. Sie benötigen sowohl geeignete Nistplätze in Form von Hohlräumen als auch die richtigen Pflanzen, deren Blätter sie für den Nestbau verwenden können.

Die Sandbienen (Andrena sp.) bilden eine artenreiche Gattung mit über 100 Arten in der DACH-Region. Sie graben ihre Nester in sandigen oder lehmigen Boden und sind oft auf bestimmte Pflanzenarten spezialisiert.

Die Vielfalt der Wildbienen in der DACH-Region

Die Frühlings-Sandbiene (Andrena vaga) beispielsweise sammelt ausschließlich Pollen von Weiden und ist daher auf das Vorhandensein dieser Bäume angewiesen.

Eine weitere faszinierende Gruppe sind die Holzbienen (Xylocopa sp.). Die Blauschwarze Holzbiene (Xylocopa violacea) ist mit bis zu 28 Millimetern Länge eine der größten Bienenarten in der Region. Sie nagt ihre Nistgänge in morsches Holz und benötigt daher alte Baumstämme oder Holzbalken als Nistplatz.

Die Seidenbienen (Colletes sp.) sind für ihre seidenartigen Nestauskleidungen bekannt. Die Efeu-Seidenbiene (Colletes hederae) ist eine Spätsommerart, die sich auf Efeu spezialisiert hat und daher erst ab September aktiv ist. Sie benötigt sandige Böden zum Nisten und blühenden Efeu als Nahrungsquelle.

Eine besonders auffällige Art ist die Hosenbiene (Dasypoda hirtipes). Ihren Namen verdankt sie den dichten Haarbürsten an ihren Hinterbeinen, mit denen sie große Mengen Pollen transportieren kann. Sie nistet in selbstgegrabenen Gängen in sandigem Boden und benötigt offene, sonnige Flächen.

Die Wollbienen (Anthidium sp.) sind für ihr Verhalten bekannt, Pflanzenhaare zu sammeln, um damit ihre Nester auszukleiden. Die Große Wollbiene (Anthidium manicatum) ist territorial und die Männchen verteidigen aggressiv ihre Reviere gegen Eindringlinge. Sie benötigen neben geeigneten Nistplätzen auch Pflanzen mit haarigen Blättern oder Stängeln.

Eine weitere wichtige Gruppe sind die Hummeln (Bombus sp.), von denen in der DACH-Region etwa 40 Arten vorkommen. Die Ackerhummel (Bombus pascuorum) ist eine der häufigsten Arten. Sie

Die Vielfalt der Wildbienen in der DACH-Region

nistet oft in verlassenen Mäusenestern oder dichten Grasbüscheln und benötigt ein vielfältiges Blütenangebot von Frühjahr bis Herbst.

Die Furchenbienen (Halictus sp. und Lasioglossum sp.) bilden eine artenreiche Gruppe kleinerer Bienen. Viele Arten dieser Gattungen zeigen Ansätze sozialen Verhaltens. Die Gewöhnliche Schmalbiene (Lasioglossum calceatum) beispielsweise kann sowohl solitär als auch in kleinen Kolonien leben. Sie benötigt offene Bodenflächen zum Nisten und ein vielfältiges Blütenangebot.

Eine besondere Gruppe bilden die Kuckucksbienen, die keine eigenen Nester bauen, sondern ihre Eier in die Nester anderer Bienenarten legen. Die Kegel-Blutbiene (Sphecodes gibbus) ist ein Beispiel für diese Lebensweise. Sie benötigt gesunde Populationen ihrer Wirtsbienen, meist Furchenbienen, um überleben zu können.

Die Bedürfnisse dieser verschiedenen Wildbienenarten sind vielfältig, lassen sich aber in einige Hauptkategorien einteilen:

Nahrung: Alle Wildbienen benötigen ein reichhaltiges und vielfältiges Angebot an Blütenpflanzen. Viele Arten sind auf bestimmte Pflanzenfamilien oder sogar einzelne Arten spezialisiert.

Nistplätze: Je nach Art werden unterschiedliche Nistplätze benötigt. Dies können Hohlräume in Holz, Pflanzenstängeln oder Schneckenhäusern sein, aber auch offene Bodenflächen für bodennistende Arten.

Nestbaumaterialien: Einige Arten benötigen spezielle Materialien zum Nestbau, wie Blätter, Pflanzenhaare oder Harz.

Lebensräume: Wildbienen benötigen strukturreiche Lebensräume mit einem Mosaik aus verschiedenen Habitaten wie Wiesen, Waldrändern, Hecken und offenen Bodenstellen.

Die Vielfalt der Wildbienen in der DACH-Region

Klima: Viele Wildbienenarten bevorzugen warme, sonnige Standorte für ihre Nester.

Die Vielfalt der Wildbienen in der DACH-Region ist beeindruckend und jede Art hat ihre eigene ökologische Nische. Um diese Vielfalt zu erhalten, ist es wichtig, eine Vielzahl verschiedener Lebensräume und Ressourcen bereitzustellen. Nur so kann das komplexe Ökosystem, in dem Wildbienen eine Schlüsselrolle spielen, erhalten und gefördert werden.

Die Bedeutung der Bestäubung durch Bienen

Bienen spielen eine unersetzliche Rolle in der Natur und in der Landwirtschaft. Ihre Bedeutung für die Bestäubung von Pflanzen kann kaum überschätzt werden. Etwa 80 Prozent aller Blütenpflanzen sind auf die Bestäubung durch Insekten angewiesen, und Bienen sind dabei die wichtigsten Akteure.

Der Bestäubungsprozess ist für die Fortpflanzung der Pflanzen unerlässlich. Wenn eine Biene eine Blüte besucht, um Nektar oder Pollen zu sammeln, bleibt unweigerlich Pollen an ihrem haarigen Körper haften. Beim Besuch der nächsten Blüte wird ein Teil dieses Pollens auf die Narbe übertragen, wodurch die Bestäubung erfolgt. Dieser simple, aber effektive Vorgang ermöglicht es den Pflanzen, Samen zu bilden und sich fortzupflanzen.

In der Landwirtschaft sind Bienen von immenser Bedeutung. Viele Nutzpflanzen, darunter Obst, Gemüse und Ölsaaten, sind auf die Bestäubung durch Bienen angewiesen. Ohne Bienen würden die Erträge dieser Kulturen drastisch sinken. Experten schätzen, dass etwa ein Drittel der menschlichen Nahrung direkt oder indirekt von der Bestäubung durch Bienen abhängt.

Einige konkrete Beispiele verdeutlichen die Wichtigkeit der Bienen für die Landwirtschaft:

Äpfel: Ohne Bienenbestäubung würden die Erträge um bis zu 90 Prozent sinken. Die Qualität der Früchte wäre zudem deutlich schlechter, mit unregelmäßiger Form und geringerem Gewicht.

Erdbeeren: Auch wenn Erdbeeren sich selbst bestäuben können, führt die Bestäubung durch Bienen zu größeren und besser geformten Früchten. Die Erträge können durch Bienenbestäubung um bis zu 40 Prozent gesteigert werden.

Die Bedeutung der Bestäubung durch Bienen

Mandeln: Die Mandelproduktion ist fast vollständig von der Bestäubung durch Honigbienen abhängig. In Kalifornien, dem weltweit größten Mandelproduzenten, werden jährlich Millionen von Bienenvölkern zur Bestäubung der Mandelplantagen eingesetzt.

Raps: Als wichtige Ölpflanze profitiert Raps erheblich von der Bienenbestäubung. Die Erträge können um bis zu 30 Prozent gesteigert werden, wenn Bienen zur Bestäubung zur Verfügung stehen.

Tomaten: Obwohl Tomaten sich selbst bestäuben können, verbessert die Vibration durch besuchende Bienen die Pollenübertragung und führt zu höheren Erträgen und besserer Fruchtqualität.

Gurken: Viele Gurkensorten sind auf Insektenbestäubung angewiesen. Ohne Bienen würden die Erträge drastisch sinken und die Früchte wären oft deformiert.

Die Bestäubungsleistung der Bienen hat auch einen erheblichen ökonomischen Wert. Weltweit wird der wirtschaftliche Nutzen der Bestäubung durch Insekten, wobei Bienen den Löwenanteil ausmachen, auf jährlich 235 bis 577 Milliarden US-Dollar geschätzt. In der Europäischen Union wird der Wert der Bestäubung durch Insekten auf etwa 15 Milliarden Euro pro Jahr beziffert.

Neben der direkten Bedeutung für die Nahrungsmittelproduktion spielen Bienen auch eine wichtige Rolle in natürlichen Ökosystemen. Viele Wildpflanzen sind auf die Bestäubung durch Bienen angewiesen. Diese Pflanzen bilden wiederum die Grundlage für komplexe Nahrungsnetze und Lebensräume für zahlreiche andere Tierarten. Ohne Bienen würde die Biodiversität in vielen Ökosystemen drastisch abnehmen.

Die Bestäubungsleistung der Bienen geht weit über die der Honigbienen hinaus. Wildbienen spielen eine ebenso wichtige, wenn nicht sogar

Die Bedeutung der Bestäubung durch Bienen

wichtigere Rolle. Studien haben gezeigt, dass Wildbienen in vielen Fällen effizientere Bestäuber sind als Honigbienen. Sie fliegen oft auch bei schlechterem Wetter aus und besuchen eine größere Vielfalt an Blüten. Zudem sind viele Wildbienenarten auf bestimmte Pflanzenarten spezialisiert und daher besonders effektive Bestäuber für diese Pflanzen.

Die Bedeutung der Bienen für die Bestäubung zeigt sich auch in der Evolution der Blütenpflanzen. Viele Blüten haben sich im Laufe der Evolution speziell an die Bestäubung durch Bienen angepasst. Sie produzieren nicht nur Nektar als Belohnung, sondern haben auch Formen und Farben entwickelt, die besonders attraktiv für Bienen sind. Einige Orchideenarten ahmen sogar das Aussehen und den Geruch weiblicher Bienen nach, um männliche Bienen anzulocken und so ihre Bestäubung zu sichern.

In der modernen Landwirtschaft werden Bienen oft gezielt zur Bestäubung eingesetzt. Imker transportieren ihre Bienenvölker zu blühenden Feldern und Obstplantagen, um die Bestäubung zu optimieren. In Gewächshäusern werden häufig Hummeln zur Bestäubung von Tomaten und anderen Gemüsepflanzen eingesetzt. Diese gezielte Nutzung der Bestäubungsleistung von Bienen zeigt, wie unersetzlich diese Insekten für die moderne Landwirtschaft geworden sind.

Die Abhängigkeit der Landwirtschaft von Bienen macht jedoch auch deutlich, wie verwundbar unser Nahrungssystem gegenüber einem Rückgang der Bienenpopulationen ist. Der weltweite Rückgang der Bienenpopulationen, sowohl bei Honigbienen als auch bei Wildbienen, stellt daher eine ernsthafte Bedrohung für die globale Nahrungsmittelproduktion dar. Der Schutz und die Förderung von Bienenpopulationen ist somit nicht nur aus ökologischer, sondern auch

Die Bedeutung der Bestäubung durch Bienen

aus ökonomischer und ernährungspolitischer Sicht von höchster Bedeutung.

Kapitel 2: Andere Bestäuber im Garten und ihre Bedeutung

Die Welt der Bestäuber ist vielfältig und faszinierend. Neben den bereits bekannten Bienen gibt es eine Vielzahl anderer Insekten und sogar einige Wirbeltiere, die eine wichtige Rolle bei der Bestäubung von Pflanzen spielen. In Gärten und Grünanlagen tummeln sich zahlreiche dieser fleißigen Helfer, oft unbemerkt von den menschlichen Bewohnern.

Zu den weniger bekannten, aber dennoch bedeutsamen Bestäubern gehören beispielsweise Fliegen. Viele Fliegenarten, insbesondere aus der Familie der Schwebfliegen, sind regelmäßige Blütenbesucher. Sie ernähren sich von Nektar und Pollen und tragen dabei zur Bestäubung bei. Schwebfliegen sind besonders effektiv, da sie aufgrund ihrer Körperbehaarung viel Pollen transportieren können und eine große Anzahl verschiedener Blüten besuchen.

Auch Käfer spielen eine nicht zu unterschätzende Rolle bei der Bestäubung. Obwohl sie oft als weniger effizient gelten, sind sie doch für viele Pflanzenarten von Bedeutung. Besonders in tropischen Regionen, aber auch in gemäßigten Breiten, gibt es Pflanzen, die speziell an die Bestäubung durch Käfer angepasst sind. Diese Blüten sind oft robust gebaut und produzieren große Mengen an Pollen, den die Käfer als Nahrung nutzen.

Weniger bekannt, aber nicht minder wichtig, sind Wespen als Bestäuber. Viele Wespenarten ernähren sich im Erwachsenenstadium von Nektar und besuchen dabei eine Vielzahl von Blüten. Obwohl sie nicht so stark behaart sind wie Bienen, tragen sie dennoch zur Pollenübertragung bei.

Einführung in die Welt der Bestäuber

Einige Pflanzenarten haben sich sogar speziell an die Bestäubung durch Wespen angepasst.

In wärmeren Regionen spielen auch Vögel eine wichtige Rolle als Bestäuber. Kolibris sind die bekanntesten Vertreter, aber auch andere nektarfressende Vögel wie Nektarvögel oder Honigfresser tragen zur Bestäubung bei. In Europa sind Vögel als Bestäuber zwar weniger bedeutsam, dennoch können gelegentlich auch hier Vogelarten wie Meisen oder Spechte beim Nektarsammeln beobachtet werden und dabei zur Bestäubung beitragen.

Selbst Säugetiere können als Bestäuber fungieren. Fledermäuse sind in tropischen und subtropischen Regionen wichtige Bestäuber für viele nachtblühende Pflanzen. In unseren Breiten spielen sie als Bestäuber zwar keine große Rolle, dennoch können auch hier nektarfressende Fledermäuse gelegentlich zur Bestäubung beitragen.

Die Bedeutung der Bestäuber für das Ökosystem und die Landwirtschaft kann kaum überschätzt werden. Sie sind das Bindeglied zwischen den Pflanzen und ermöglichen deren sexuelle Fortpflanzung. Ohne Bestäuber wäre die Artenvielfalt in der Pflanzenwelt deutlich geringer, da viele Pflanzenarten auf die Fremdbestäubung angewiesen sind.

Die Vielfalt der Bestäuber ist auch deshalb so wichtig, weil verschiedene Bestäuberarten unterschiedliche Nischen besetzen und sich in ihrer Bestäubungsleistung ergänzen. Während einige Arten besonders effektiv bei bestimmten Pflanzenarten sind, können andere Arten unter verschiedenen Wetterbedingungen aktiv sein oder andere Tageszeiten nutzen. Diese Diversität erhöht die Resilienz des gesamten Bestäubungssystems gegenüber Störungen und Veränderungen.

Einführung in die Welt der Bestäuber

Die verschiedenen Bestäuberarten haben im Laufe der Evolution faszinierende Anpassungen entwickelt. Viele haben spezielle Körpermerkmale, die ihnen das Sammeln von Nektar und Pollen erleichtern. Lange Rüssel, wie sie bei Schmetterlingen oder bestimmten Bienenarten zu finden sind, ermöglichen den Zugang zu tiefen Blütenkelchen. Spezielle Behaarung am Körper oder an den Beinen dient dem effektiven Transport von Pollen.

Ebenso haben sich viele Pflanzen an bestimmte Bestäuber angepasst. Die Form, Farbe und der Duft der Blüten sowie die Zusammensetzung des Nektars sind oft auf spezifische Bestäubergruppen zugeschnitten. Diese gegenseitigen Anpassungen führen zu erstaunlichen Symbiosen zwischen Pflanzen und ihren Bestäubern.

Die Förderung und der Schutz von Bestäubern ist daher von großer Bedeutung für die Erhaltung der Biodiversität und die Sicherung der landwirtschaftlichen Produktion. In Gärten und Grünanlagen können durch die Schaffung geeigneter Lebensräume und die Bereitstellung von Nahrungsquellen viele verschiedene Bestäuberarten unterstützt werden. Dies trägt nicht nur zur ökologischen Vielfalt bei, sondern erhöht auch die Bestäubungsleistung und damit den Ertrag von Obst- und Gemüsepflanzen im Garten.

Schmetterlinge: Farbenprächtige Gärtnerhelfer

Schmetterlinge gehören zu den auffälligsten und beliebtesten Insekten in unseren Gärten. Mit ihren farbenprächtigen Flügeln und ihrer anmutigen Flugweise ziehen sie die Blicke auf sich und erfreuen Groß und Klein. Doch Schmetterlinge sind weit mehr als nur dekorative Gartenbewohner – sie spielen eine wichtige Rolle als Bestäuber und tragen zur Artenvielfalt bei.

In Deutschland sind über 3.700 Schmetterlingsarten heimisch, davon etwa 190 Tagfalterarten. Zu den häufigsten und bekanntesten Tagfaltern in deutschen Gärten zählen der Kleine Fuchs (Aglais urticae), das Tagpfauenauge (Aglais io), der Zitronenfalter (Gonepteryx rhamni) und der Admiral (Vanessa atalanta). Diese Arten sind robust und anpassungsfähig, weshalb sie auch in städtischen Gebieten gut zurechtkommen.

Der Kleine Fuchs ist an seinen orangefarbenen Flügeln mit schwarzen und gelben Flecken leicht zu erkennen. Er fliegt von März bis Oktober und überwintert als erwachsener Falter. Seine Raupen ernähren sich hauptsächlich von Brennnesseln, während die erwachsenen Falter Nektar von verschiedenen Blüten saugen.

Das Tagpfauenauge ist mit seinen auffälligen Augenflecken auf den Flügeln unverwechselbar. Es fliegt von Februar bis November und überwintert ebenfalls als Falter. Auch seine Raupen leben auf Brennnesseln, was die Bedeutung dieser oft ungeliebten Pflanze für die Artenvielfalt unterstreicht.

Der Zitronenfalter ist einer der ersten Frühlingsboten. Die Männchen sind leuchtend gelb, während die Weibchen eher grünlich-weiß gefärbt sind. Diese Art überwintert ebenfalls als Falter und kann daher schon an

Schmetterlinge: Farbenprächtige Gärtnerhelfer

warmen Februartagen beobachtet werden. Die Raupen ernähren sich von Faulbaumgewächsen wie dem Kreuzdorn.

Der Admiral ist ein Wanderfalter, der jedes Jahr aus dem Süden zu uns kommt. Er ist an seinen schwarz-weißen Flügeln mit roten Bändern leicht zu erkennen. Admirale fliegen von Mai bis Oktober und legen ihre Eier ebenfalls auf Brennnesseln ab.

Neben diesen häufigen Arten gibt es viele weitere Schmetterlinge, die in Gärten anzutreffen sind, wie beispielsweise verschiedene Weißlinge, das Landkärtchen oder den Distelfalter. Auch Nachtfalter wie das Taubenschwänzchen, das tagsüber aktiv ist und im Schwirrflug Nektar saugt, können in Gärten beobachtet werden.

Die Lebensweise der Schmetterlinge ist faszinierend und komplex. Sie durchlaufen eine vollständige Metamorphose mit den Stadien Ei, Raupe, Puppe und Falter. Jedes Stadium stellt unterschiedliche Ansprüche an die Umgebung, was bei der Gestaltung eines schmetterlingsfreundlichen Gartens berücksichtigt werden sollte.

Für einen schmetterlingsfreundlichen Garten ist die Auswahl der richtigen Pflanzen entscheidend. Dabei sollte man sowohl an Nektarpflanzen für die erwachsenen Falter als auch an Futterpflanzen für die Raupen denken. Zu den besonders schmetterlingsfreundlichen Pflanzen gehören:

Schmetterlingsflieder (Buddleja davidii): Dieser Strauch lockt mit seinen duftenden Blütenrispen zahlreiche Schmetterlingsarten an. Er blüht von Juli bis September und ist eine wichtige Nektarquelle für viele Falter.

Wilder Majoran (Origanum vulgare): Diese Gewürzpflanze ist nicht nur in der Küche beliebt, sondern auch bei Schmetterlingen. Sie blüht von Juli bis September und zieht besonders Bläulinge an.

Schmetterlinge: Farbenprächtige Gärtnerhelfer

Lavendel (Lavandula angustifolia): Der aromatische Duft und die violetten Blüten des Lavendels sind für viele Schmetterlinge unwiderstehlich. Er blüht von Juni bis August.

Sonnenhut (Echinacea): Diese robuste Staude blüht von Juli bis September und ist bei vielen Insekten, einschließlich Schmetterlingen, sehr beliebt.

Fetthenne (Sedum): Besonders die Herbst-Fetthenne (Sedum telephium) ist eine wichtige Nahrungsquelle für Schmetterlinge im Spätsommer und Herbst.

Brennnessel (Urtica dioica): Obwohl oft unbeliebt, ist die Brennnessel eine der wichtigsten Futterpflanzen für die Raupen vieler Schmetterlingsarten.

Disteln: Verschiedene Distelarten sind sowohl als Nektar- als auch als Raupenfutterpflanzen von Bedeutung.

Um einen schmetterlingsfreundlichen Garten zu gestalten, können Gartenbesitzer folgende Tipps berücksichtigen:

Vielfalt schaffen: Je mehr verschiedene heimische Blütenpflanzen vorhanden sind, desto attraktiver ist der Garten für Schmetterlinge. Dabei sollte man darauf achten, dass vom Frühjahr bis in den Herbst hinein stets etwas blüht.

Sonnige Plätze anbieten: Die meisten Schmetterlinge lieben Wärme und Sonnenlicht. Nektarpflanzen sollten daher an sonnigen Stellen im Garten gepflanzt werden.

Auf Pestizide verzichten: Chemische Pflanzenschutzmittel können Schmetterlinge und ihre Raupen schädigen. Ein naturnaher Garten kommt in der Regel gut ohne solche Mittel aus.

Schmetterlinge: Farbenprächtige Gärtnerhelfer

Raupenfutterpflanzen integrieren: Neben Nektarpflanzen für die erwachsenen Falter sollten auch Futterpflanzen für die Raupen vorhanden sein. Dazu gehören neben Brennnesseln auch Doldenblütler, Kreuzblütler und verschiedene Gräser.

Überwinterungsmöglichkeiten schaffen: Viele Schmetterlingsarten überwintern als Ei, Raupe oder Puppe. Laub- und Reisighaufen, aber auch Trockenmauern oder Holzstapel bieten gute Überwinterungsmöglichkeiten.

Wasserstellen einrichten: Flache Wasserschalen oder feuchte Sandflächen werden von Schmetterlingen gerne zur Aufnahme von Wasser und Mineralien genutzt.

Blühende Sträucher pflanzen: Neben dem Schmetterlingsflieder sind auch heimische Sträucher wie Weißdorn, Schlehe oder Holunder attraktiv für Schmetterlinge.

Hummeln: Die fleißigen Arbeiter

Hummeln gehören zu den bekanntesten und beliebtesten Insekten in unseren Gärten. Mit ihrem pelzigen Aussehen und ihrem charakteristischen Brummen sind sie leicht zu erkennen und zu hören. Obwohl sie zur Familie der Bienen gehören, unterscheiden sich Hummeln in vielen Aspekten von ihren Verwandten, den Honigbienen.

Eine der auffälligsten Besonderheiten von Hummeln ist ihre Fähigkeit, auch bei kühlen Temperaturen und leichtem Regen zu fliegen. Dies macht sie zu besonders effektiven Bestäubern, vor allem im Frühjahr und Herbst, wenn andere Insekten noch nicht oder nicht mehr aktiv sind. Hummeln können ihre Flugmuskulatur durch Vibration aufwärmen und so ihre Körpertemperatur auf bis zu 30°C erhöhen, selbst wenn die Umgebungstemperatur deutlich niedriger ist.

Im Gegensatz zu Honigbienen leben Hummeln in kleineren Kolonien von etwa 50 bis 600 Individuen. Ihr Jahreszyklus unterscheidet sich ebenfalls: Nur die im Herbst geborenen Jungköniginnen überwintern, während der Rest der Kolonie, einschließlich der alten Königin, stirbt. Im Frühjahr sucht die Jungkönigin einen geeigneten Nistplatz und gründet eine neue Kolonie.

Die Nester der Hummeln befinden sich oft in verlassenen Mauselöchern, unter Grasbüscheln oder in Holzhaufen. Einige Arten, wie die Baumhummel (Bombus hypnorum), nisten auch in Baumhöhlen oder Nistkästen. Die Königin beginnt mit dem Bau des Nestes und der Aufzucht der ersten Arbeiterinnen allein. Sobald diese schlüpfen, übernehmen sie die Aufgaben im Nest, während die Königin sich auf die Eiablage konzentriert.

Hummeln sind für ihre Effizienz bei der Bestäubung bekannt. Sie können durch ihr sogenanntes "Buzz-Pollination" oder "Vibrationsbestäubung"

Hummeln: Die fleißigen Arbeiter

Pollen aus Blüten lösen, die für andere Insekten schwer zugänglich sind. Dabei erzeugen sie durch schnelle Vibrationen ihrer Flugmuskeln Schwingungen, die den Pollen aus den Staubbeuteln schütteln. Diese Technik ist besonders effektiv bei Pflanzen wie Tomaten, Auberginen und Heidelbeeren.

Ein weiterer Vorteil der Hummeln ist ihre lange Zunge, die es ihnen ermöglicht, Nektar aus tiefen, röhrenförmigen Blüten zu saugen. Verschiedene Hummelarten haben unterschiedlich lange Zungen, was zu einer Spezialisierung auf bestimmte Pflanzenarten führt und die Bestäubung einer breiten Palette von Blütenpflanzen sicherstellt.

Um Hummeln im Garten zu fördern, ist es wichtig, ihnen geeignete Nahrungsquellen und Nistmöglichkeiten anzubieten. Zu den bevorzugten Pflanzen für Hummeln gehören:

Taubnessel (Lamium): Die Blüten dieser Pflanze sind besonders bei langrüsseligen Hummelarten beliebt.

Eisenhut (Aconitum): Diese Staude blüht im Spätsommer und ist eine wichtige Nahrungsquelle für Hummeln.

Fingerhut (Digitalis): Die röhrenförmigen Blüten sind ideal für die langen Zungen der Hummeln.

Rotklee (Trifolium pratense): Eine wichtige Nahrungspflanze für viele Hummelarten.

Katzenminze (Nepeta): Diese robuste Staude blüht lange und wird von Hummeln gerne besucht.

Lupinen (Lupinus): Die aufrechten Blütenstände bieten reichlich Nektar und Pollen.

Beinwell (Symphytum): Die hängenden Blüten sind besonders für langrüsselige Hummeln attraktiv.

Hummeln: Die fleißigen Arbeiter

Glockenblumen (Campanula): Verschiedene Arten dieser Gattung werden von Hummeln gerne besucht.

Neben der Bereitstellung von Nahrungspflanzen können Gartenbesitzer auch Nistmöglichkeiten für Hummeln schaffen. Dazu eignen sich spezielle Hummelnistkästen, die im Handel erhältlich sind. Diese sollten an einem geschützten, halbschattigen Ort aufgestellt werden. Alternativ kann man auch natürliche Nistmöglichkeiten fördern, indem man Bereiche mit hohem Gras stehen lässt oder Totholzhaufen anlegt.

Um Hummelpopulationen im Garten zu fördern, können folgende Maßnahmen ergriffen werden:

Ganzjährige Blütenvielfalt: Es sollte ein kontinuierliches Blütenangebot von Frühjahr bis Herbst geschaffen werden, um den Hummeln durchgehend Nahrung zu bieten.

Verzicht auf Pestizide: Chemische Pflanzenschutzmittel können Hummeln schädigen und sollten daher vermieden werden.

Natürliche Strukturen belassen: Unaufgeräumte Ecken im Garten, wie Laubhaufen oder hohle Pflanzenstängel, bieten Hummeln Nist- und Überwinterungsmöglichkeiten.

Wasserstellen einrichten: Flache Wasserschalen oder feuchte Sandflächen werden von Hummeln zur Wasseraufnahme genutzt.

Heimische Pflanzenarten bevorzugen: Einheimische Wildpflanzen sind oft besser an die Bedürfnisse heimischer Hummelarten angepasst als exotische Zierpflanzen.

Blühende Hecken pflanzen: Hecken aus blühenden Sträuchern wie Weißdorn, Schlehe oder Holunder bieten Nahrung und Schutz für Hummeln.

Hummeln: Die fleißigen Arbeiter

Extensive Rasenpflege: Weniger häufiges Mähen und das Stehenlassen von Blühpflanzen im Rasen, wie Klee oder Gänseblümchen, kommen Hummeln zugute.

Förderung von Wildblumenwiesen: Selbst kleine Flächen mit Wildblumen können wertvolle Nahrungsquellen für Hummeln sein.

Durch diese Maßnahmen können Gartenbesitzer einen wichtigen Beitrag zum Schutz und zur Förderung von Hummeln leisten. Die pelzigen Brummer danken es mit ihrer fleißigen Bestäubungsarbeit und tragen so zur Artenvielfalt und Fruchtbarkeit im Garten bei.

Wespen und ihre Rolle als Bestäuber

Wespen sind in der Wahrnehmung vieler Menschen oft unerwünschte Gäste im Garten. Sie gelten als lästig, aggressiv und werden häufig nur als Störenfriede bei Grillfesten oder Kaffeekränzchen wahrgenommen. Doch diese Einschätzung wird den fleißigen Insekten nicht gerecht. Tatsächlich spielen Wespen eine wichtige und oft unterschätzte Rolle im Ökosystem, insbesondere als Bestäuber.

In Deutschland gibt es etwa 600 Wespenarten, von denen nur zwei als "lästig" gelten: die Deutsche Wespe (Vespula germanica) und die Gemeine Wespe (Vespula vulgaris). Diese beiden Arten machen jedoch nur einen kleinen Teil der Wespenpopulation aus. Die meisten anderen Wespenarten leben zurückgezogen und kommen kaum mit Menschen in Kontakt.

Wespen sind, ähnlich wie Bienen, wichtige Bestäuber für viele Pflanzen. Sie besuchen Blüten auf der Suche nach Nektar und transportieren dabei Pollen von Pflanze zu Pflanze. Besonders effektiv sind sie bei der Bestäubung von Pflanzen mit offenen Blüten, wie beispielsweise Doldenblütler. Zu den von Wespen bestäubten Pflanzen gehören unter anderem:

Wilde Möhre (Daucus carota)

Wiesen-Bärenklau (Heracleum sphondylium)

Fenchel (Foeniculum vulgare)

Efeu (Hedera helix)

Verschiedene Orchideenarten

Einige Pflanzen haben sich sogar speziell an die Bestäubung durch Wespen angepasst. Die Gewöhnliche Osterluzei (Aristolochia clematitis) beispielsweise lockt Wespen mit ihrem Geruch an und hält sie dann für einige Zeit in ihrer Blüte gefangen, bis die Bestäubung erfolgt ist.

Wespen und ihre Rolle als Bestäuber

Neben ihrer Rolle als Bestäuber erfüllen Wespen weitere wichtige ökologische Funktionen. Sie sind effektive Schädlingsbekämpfer und fangen große Mengen an Insekten, die als Schädlinge gelten. Eine einzige Wespenkolonie kann in einem Sommer bis zu 3000 Fliegen und 500 Schmetterlingsraupen vertilgen. Dies macht sie zu natürlichen Helfern im biologischen Pflanzenschutz.

Um die Wespenfreundlichkeit im Garten zu fördern, ohne dass die Insekten zur Belästigung werden, können Gartenbesitzer verschiedene Maßnahmen ergreifen:

Nahrungsangebot schaffen: Wespen ernähren sich von Nektar und Insekten. Ein vielfältiges Blütenangebot und der Verzicht auf Insektizide fördern sowohl Wespen als auch ihre Beutetiere.

Nistmöglichkeiten anbieten: Viele Wespenarten nisten im Boden oder in Hohlräumen. Belassen Sie einige ungestörte Bereiche im Garten, wie Totholz oder offene Bodenstellen.

Wasserstellen einrichten: Flache Wasserschalen oder feuchte Sandflächen werden von Wespen zur Wasseraufnahme genutzt.

Toleranz üben: Wespennester, die nicht in unmittelbarer Nähe von Aufenthaltsbereichen liegen, sollten wenn möglich geduldet werden. Die meisten Wespenkolonien lösen sich im Herbst von selbst auf.

Richtige Pflanzenauswahl: Einige Pflanzen, wie Wiesenkerbel, Wilde Möhre oder Fenchel, sind besonders attraktiv für Wespen und können gezielt in entfernteren Gartenbereichen angepflanzt werden.

Um ein harmonisches Zusammenleben mit Wespen im Garten zu ermöglichen, sind einige Verhaltensregeln und Tipps hilfreich:

Wespen und ihre Rolle als Bestäuber

Ruhe bewahren: Bei Begegnungen mit Wespen sollte man ruhig bleiben und hektische Bewegungen vermeiden. Wespen stechen in der Regel nur zur Verteidigung.

Nahrungsmittel abdecken: Bei Mahlzeiten im Freien sollten Speisen und Getränke abgedeckt werden, um Wespen nicht anzulocken.

Süße Düfte vermeiden: Parfüms, Cremes oder andere stark duftende Kosmetika können Wespen anziehen und sollten im Freien sparsam verwendet werden.

Ablenkfütterung: In einiger Entfernung vom Sitzplatz kann eine Schale mit überreifem Obst aufgestellt werden, um Wespen abzulenken.

Wespenfallen vermeiden: Klassische Wespenfallen sind kontraproduktiv, da sie Wespen anlocken und auch andere nützliche Insekten fangen.

Nester respektieren: Wespennester sollten nur entfernt werden, wenn sie eine echte Gefahr darstellen. In solchen Fällen sollte ein Fachmann hinzugezogen werden.

Natürliche Abwehrmittel: Gerüche wie Nelke, Zitrone oder Essig können Wespen fernhalten. Diese können in der Nähe von Sitzplätzen platziert werden.

Kleidung beachten: Helle, gemusterte Kleidung zieht Wespen weniger an als dunkle Farben.

Vorsicht bei Getränken: Beim Trinken im Freien sollte man vorsichtig sein und Gläser oder Flaschen nicht unbeaufsichtigt lassen, um zu vermeiden, dass Wespen hineinfliegen.

Lerneffekt nutzen: Wespen können lernen, dass bestimmte Orte für sie unattraktiv sind. Konsequentes, ruhiges Vertreiben kann dazu führen, dass sie diese Bereiche meiden.

Wespen und ihre Rolle als Bestäuber

Durch ein besseres Verständnis für die ökologische Bedeutung von Wespen und die Anwendung dieser Tipps können Gartenbesitzer ein ausgewogenes Verhältnis zu diesen wichtigen Insekten entwickeln. Wespen sind nicht nur lästige Störenfriede, sondern erfüllen wichtige Funktionen im Ökosystem des Gartens. Mit etwas Toleranz und den richtigen Maßnahmen können sie zu wertvollen Helfern bei der Schädlingsbekämpfung und Bestäubung werden, ohne dabei das Gartenvergnügen zu beeinträchtigen.

Käfer und Fliegen: Unterschätzte Helfer

Wenn man an Bestäuber denkt, kommen einem meist sofort Bienen, Hummeln oder Schmetterlinge in den Sinn. Doch es gibt eine Vielzahl weiterer Insekten, die eine wichtige Rolle bei der Bestäubung spielen. Zu diesen oft übersehenen Helfern gehören Käfer und Fliegen. Obwohl sie nicht so charismatisch wie ihre bekannteren Kollegen erscheinen mögen, leisten sie einen bedeutenden Beitrag zur Bestäubung vieler Pflanzenarten.

Käfer gehören zu den ältesten bekannten Bestäubern und waren bereits vor der Entwicklung der Blütenpflanzen als solche aktiv. Sie bestäuben heute etwa 88% aller blühenden Pflanzenarten. Einige wichtige Käferarten, die als Bestäuber fungieren, sind:

Rosenkäfer (Cetonia aurata): Diese metallisch glänzenden Käfer sind häufig auf Rosen und anderen Blüten anzutreffen. Sie ernähren sich von Pollen und Nektar und tragen dabei zur Bestäubung bei.

Bockkäfer (Cerambycidae): Viele Arten dieser Familie besuchen Blüten und sind wichtige Bestäuber, insbesondere für Doldenblütler und Korbblütler.

Weichkäfer (Cantharidae): Diese schlanken Käfer, oft als "Soldatenkäfer" bezeichnet, sind effiziente Bestäuber für eine Vielzahl von Pflanzen.

Prachtkäfer (Buprestidae): Diese oft farbenprächtig schillernden Käfer sind wichtige Bestäuber für viele Wildblumen.

Marienkäfer (Coccinellidae): Neben ihrer Rolle als Blattlausvertilger tragen Marienkäfer auch zur Bestäubung bei, wenn sie Pollen und Nektar als zusätzliche Nahrungsquelle nutzen.

Käfer und Fliegen: Unterschätzte Helfer

Käfer sind besonders effektiv bei der Bestäubung von Pflanzen mit offenen Blüten, starkem Duft und reichlich Pollen. Zu den von Käfern bestäubten Pflanzen gehören unter anderem:
Magnolien (Magnolia spp.)
Seerosen (Nymphaea spp.)
Scheinmohn (Meconopsis spp.)
Verschiedene Arten der Aronstabgewächse (Araceae)

Fliegen werden oft als lästig empfunden, doch viele Arten spielen eine wichtige Rolle bei der Bestäubung. Sie sind besonders bedeutsam für Pflanzen in schattigen oder feuchten Habitaten, wo andere Bestäuber weniger aktiv sind. Einige wichtige Fliegenfamilien, die als Bestäuber fungieren, sind:
Schwebfliegen (Syrphidae): Diese Fliegen, die oft für Wespen gehalten werden, sind äußerst effiziente Bestäuber. Sie besuchen eine Vielzahl von Blüten und sind besonders wichtig für Obstbäume und viele Wildblumen.
Wollschweber (Bombyliidae): Diese pelzigen Fliegen mit langen Rüsseln sind spezialisierte Nektarsammler und wichtige Bestäuber für viele Pflanzenarten.
Tanzfliegen (Empididae): Diese kleinen Fliegen sind oft auf Doldenblütlern anzutreffen und tragen zur Bestäubung bei.
Blasenkopffliegen (Conopidae): Diese Fliegen ähneln kleinen Wespen und sind wichtige Bestäuber für viele Wildblumen.
Echte Fliegen (Muscidae): Einige Arten dieser Familie, zu der auch die Stubenfliege gehört, tragen zur Bestäubung bei, insbesondere bei Pflanzen mit offenen Blüten.

Käfer und Fliegen: Unterschätzte Helfer

Fliegen sind besonders effektiv bei der Bestäubung von Pflanzen mit flachen oder schüsselförmigen Blüten, die leicht zugänglich sind. Zu den von Fliegen bestäubten Pflanzen gehören unter anderem:

Doldenblütler wie Wilde Möhre (Daucus carota) und Wiesen-Kerbel (Anthriscus sylvestris)

Verschiedene Orchideenarten

Kakao (Theobroma cacao)

Avocado (Persea americana)

Mango (Mangifera indica)

Käfer und Fliegen spielen eine besonders wichtige Rolle bei der Bestäubung von Pflanzenarten, die von anderen Bestäubern weniger beachtet werden. Sie sind oft die Hauptbestäuber für:

Pflanzen mit unauffälligen Blüten: Viele Gräser und Seggen werden hauptsächlich von Käfern und Fliegen bestäubt.

Nachtblühende Pflanzen: Einige Käfer- und Fliegenarten sind nachtaktiv und bestäuben Pflanzen, die ihre Blüten in der Dunkelheit öffnen.

Pflanzen in schattigen oder feuchten Habitaten: In Wäldern oder Feuchtgebieten, wo Bienen weniger aktiv sind, übernehmen oft Fliegen die Hauptrolle bei der Bestäubung.

Pflanzen mit speziellen Bestäubungsmechanismen: Einige Orchideen und Aronstabgewächse haben komplexe Bestäubungsmechanismen, die speziell auf Käfer oder Fliegen ausgerichtet sind.

Um diese wichtigen, aber oft übersehenen Bestäuber im Garten zu fördern, können Gartenbesitzer verschiedene Maßnahmen ergreifen:

Käfer und Fliegen: Unterschätzte Helfer

Vielfalt an Blütenpflanzen: Eine breite Palette an Blütenpflanzen, insbesondere solche mit offenen oder schüsselförmigen Blüten, bietet Nahrung für verschiedene Käfer- und Fliegenarten.

Heimische Pflanzen bevorzugen: Einheimische Pflanzen sind oft besser an die lokalen Bestäuber angepasst und bieten ihnen optimale Nahrung.

Doldenblütler anpflanzen: Pflanzen wie Wilde Möhre, Fenchel oder Dill sind besonders attraktiv für viele Fliegen- und Käferarten.

Totholz belassen: Viele Käferarten benötigen Totholz für ihre Entwicklung. Ein Totholzhaufen oder einzelne Totholzstämme im Garten fördern die Käferpopulation.

Feuchte Bereiche schaffen: Fliegen benötigen oft feuchte Habitate. Ein kleiner Teich oder feuchte Ecken im Garten können Fliegen anziehen.

Auf Pestizide verzichten: Chemische Pflanzenschutzmittel schaden nicht nur Schädlingen, sondern auch nützlichen Bestäubern wie Käfern und Fliegen.

Blühende Hecken pflanzen: Hecken aus blühenden Sträuchern wie Weißdorn oder Schlehe bieten Nahrung und Lebensraum für viele Käfer- und Fliegenarten.

Wildblumenwiesen anlegen: Naturnahe Wiesenbereiche mit einer Vielzahl an Wildblumen sind ideale Lebensräume für diverse Bestäuber.

Komposthaufen anlegen: Komposthaufen ziehen viele Insekten an, darunter auch bestäubende Käfer und Fliegen.

Ganzjährige Blütenvielfalt: Eine Auswahl an Pflanzen, die zu verschiedenen Jahreszeiten blühen, stellt sicher, dass Käfer und Fliegen das ganze Jahr über Nahrung finden.

Käfer und Fliegen: Unterschätzte Helfer

Durch diese Maßnahmen können Gartenbesitzer einen wichtigen Beitrag zur Förderung dieser oft unterschätzten Bestäuber leisten und gleichzeitig die Biodiversität in ihrem Garten erhöhen.

Vögel als Bestäuber

Während in Deutschland und den meisten Teilen Europas Vögel als Bestäuber eine eher untergeordnete Rolle spielen, sind sie in anderen Teilen der Welt von großer Bedeutung für die Bestäubung vieler Pflanzenarten. Insbesondere in tropischen und subtropischen Regionen haben sich zahlreiche Pflanzen-Vogel-Beziehungen entwickelt, die für beide Seiten von Vorteil sind.

Kolibris sind die bekanntesten und am besten angepassten Vogelbestäuber. Diese faszinierenden Vögel, die ausschließlich in Nord- und Südamerika vorkommen, haben sich im Laufe der Evolution perfekt an die Nektaraufnahme angepasst. Mit ihren langen, dünnen Schnäbeln und ihrer Fähigkeit, im Schwirrflug vor Blüten zu verharren, können sie Nektar aus röhrenförmigen Blüten saugen, die für andere Tiere unerreichbar sind. Dabei streifen sie mit ihrem Kopf oder ihrer Brust den Pollen ab und transportieren ihn zur nächsten Blüte.

In Australien und Neuseeland übernehmen Honigfresser (Meliphagidae) eine ähnliche Rolle. Diese Vögel haben pinselartige Zungen, die es ihnen ermöglichen, Nektar effizient aufzunehmen. Sie bestäuben eine Vielzahl von einheimischen Pflanzen, darunter Eukalyptus-Arten und verschiedene Proteaceen.

In Afrika sind Nektarvögel (Nectariniidae) wichtige Bestäuber. Diese kleinen, oft farbenprächtig schillernden Vögel haben lange, gebogene Schnäbel, die perfekt an die Form vieler tropischer Blüten angepasst sind. Sie spielen eine entscheidende Rolle bei der Bestäubung von Pflanzen wie Aloen, Proteas und verschiedenen Baumarten.

In Südamerika sind neben Kolibris auch andere Vogelarten als Bestäuber aktiv. Zum Beispiel bestäuben Zuckervögel (Coerebidae) und einige Tangarenarten (Thraupidae) eine Vielzahl von Blütenpflanzen.

Vögel als Bestäuber

Obwohl in Deutschland keine spezialisierten nektarfressenden Vögel heimisch sind, können einige einheimische Vogelarten gelegentlich zur Bestäubung beitragen. Meisen, Finken und andere Kleinvögel besuchen manchmal Blüten auf der Suche nach Insekten oder Pollen und können dabei unbeabsichtigt Pollen von einer Blüte zur anderen transportieren. Dies geschieht jedoch eher zufällig und spielt für die Bestäubung in unseren Breiten eine untergeordnete Rolle.

Trotz der geringen direkten Bedeutung von Vögeln als Bestäuber in Deutschland, ist die Gestaltung eines vogelfreundlichen Gartens aus mehreren Gründen sinnvoll und kann indirekt auch den Bestäuberschutz fördern:

Nahrungsangebot: Ein vogelfreundlicher Garten bietet eine Vielzahl von Pflanzen, die Beeren, Samen und Früchte produzieren. Viele dieser Pflanzen sind auch für Insekten attraktiv und fördern so indirekt die Bestäuberpopulationen.

Strukturvielfalt: Ein Garten mit verschiedenen Vegetationsschichten - von Bodendeckern über Sträucher bis hin zu Bäumen - bietet Vögeln Schutz und Nistmöglichkeiten. Diese Vielfalt kommt auch Insekten zugute, die unterschiedliche Lebensräume benötigen.

Wasserstellen: Vogeltränken oder kleine Teiche ziehen nicht nur Vögel an, sondern bieten auch Insekten eine wichtige Wasserquelle.

Verzicht auf Pestizide: Ein naturnaher Garten ohne den Einsatz von Chemikalien ist sowohl für Vögel als auch für Insekten von Vorteil.

Totholz und Laubhaufen: Diese Elemente bieten Vögeln Nahrung in Form von Insekten und Würmern. Gleichzeitig dienen sie vielen Insekten, darunter auch Bestäubern, als Unterschlupf und Nistplatz.

Vögel als Bestäuber

Um einen vogel- und bestäuberfreundlichen Garten zu gestalten, können Gartenbesitzer folgende Maßnahmen ergreifen:

Einheimische Pflanzen bevorzugen: Heimische Pflanzenarten sind optimal an die lokale Fauna angepasst und bieten sowohl Vögeln als auch Insekten geeignete Nahrung und Lebensräume.

Blütenreiche Stauden pflanzen: Pflanzen wie Sonnenhut, Storchschnabel oder Fetthenne bieten Nektar für Insekten und später Samen für Vögel.

Beerensträucher integrieren: Holunder, Vogelbeere oder Kornelkirsche liefern Früchte für Vögel und locken gleichzeitig bestäubende Insekten an.

Kletterpflanzen fördern: Efeu, wilder Wein oder Geißblatt bieten Vögeln Nistplätze und Insekten Nahrung.

Naturbelassene Ecken einrichten: Ein Bereich mit Wildwuchs, Totholz und Laubhaufen schafft wertvolle Mikrohabitate für verschiedene Tierarten.

Nisthilfen aufhängen: Vogelhäuschen und Insektenhotels bieten Unterschlupf und Nistmöglichkeiten.

Wasserstellen einrichten: Ein flacher Teich oder eine Vogeltränke versorgt Vögel und Insekten mit Wasser.

Ganzjährige Blütenvielfalt schaffen: Eine Auswahl an Pflanzen, die zu verschiedenen Jahreszeiten blühen, stellt sicher, dass Bestäuber das ganze Jahr über Nahrung finden.

Auf chemische Pflanzenschutzmittel verzichten: Ein naturnaher Garten reguliert sich weitgehend selbst und bietet gesunde Lebensräume für Vögel und Insekten.

Die Verbindung zwischen Vogelschutz und Bestäuberschutz ist vielschichtig und von großer ökologischer Bedeutung. Obwohl Vögel in unseren Breiten keine Hauptrolle bei der Bestäubung spielen, sind sie ein wichtiger Teil des Ökosystems und stehen in vielfältiger Wechselwirkung mit Insekten und Pflanzen:

Nahrungskette: Viele Vogelarten ernähren sich von Insekten, darunter auch von Bestäubern. Eine gesunde Vogelpopulation trägt zur Regulierung von Insektenpopulationen bei und hilft, ein natürliches Gleichgewicht aufrechtzuerhalten.

Samenverbreitung: Vögel tragen durch den Transport von Samen zur Verbreitung von Pflanzen bei. Viele dieser Pflanzen sind wiederum wichtige Nahrungsquellen für Bestäuber.

Habitatgestaltung: Durch ihr Verhalten (z.B. Nestbau, Nahrungssuche) beeinflussen Vögel die Struktur von Lebensräumen, was sich indirekt auf die Lebensbedingungen von Bestäubern auswirken kann.

Indikatorarten: Vögel dienen oft als Indikatorarten für die Gesundheit eines Ökosystems. Ein Rückgang der Vogelpopulationen kann auf Probleme hinweisen, die auch Bestäuber betreffen.

Ökosystemdienstleistungen: Sowohl Vögel als auch Bestäuber erbringen wichtige Ökosystemdienstleistungen. Der Schutz beider Gruppen trägt zur Aufrechterhaltung funktionierender Ökosysteme bei.

Gemeinsame Bedrohungen: Viele Faktoren, die Vogelbestände gefährden (z.B. Habitatverlust, Pestizideinsatz, Klimawandel), bedrohen auch Bestäuberpopulationen. Schutzmaßnahmen kommen daher oft beiden Gruppen zugute.

Insektenhotels für verschiedene

Insektenhotels haben sich in den letzten Jahren zu einem beliebten Element in naturnahen Gärten entwickelt. Diese künstlichen Nist- und Überwinterungshilfen bieten nicht nur Wildbienen, sondern auch einer Vielzahl anderer nützlicher Insekten einen wertvollen Lebensraum. Mit der richtigen Gestaltung und Platzierung können Gartenbesitzer einen wichtigen Beitrag zum Schutz der Artenvielfalt leisten.

Der Bau eines Insektenhotels beginnt mit der Auswahl geeigneter Materialien. Naturbelassenes Holz, Bambus, Schilf, Stroh, Lehm, Ton und Ziegelsteine sind bewährte Grundstoffe. Es ist wichtig, dass alle verwendeten Materialien frei von Chemikalien und Schadstoffen sind, um die Gesundheit der Insekten nicht zu gefährden.

Für die Grundstruktur des Insektenhotels eignet sich ein stabiler Holzrahmen. Dieser kann aus unbehandelten Brettern oder Paletten gefertigt werden. Die Größe des Hotels kann variieren, sollte aber mindestens 30 x 30 cm betragen, um verschiedene Nistmöglichkeiten zu bieten. Ein Dach aus wasserfestem Material schützt das Innere vor Regen und Feuchtigkeit.

Innerhalb des Rahmens werden verschiedene Nistmodule eingebaut, die auf die Bedürfnisse unterschiedlicher Insektenarten abgestimmt sind:

Hartholzblöcke mit Bohrlöchern: Diese sind ideal für viele Wildbienenarten. Die Löcher sollten einen Durchmesser von 2-10 mm haben und mindestens 5-10 cm tief sein. Die Innenseite der Löcher muss glatt sein, um Verletzungen der Insekten zu vermeiden.

Hohle Pflanzenstängel: Bambusröhrchen, Schilf oder hohle Stängel von Stauden bieten ebenfalls gute Nistmöglichkeiten für Wildbienen und andere Insekten. Die Stängel sollten in Bündeln zusammengefasst und so geschnitten werden, dass eine Seite geschlossen ist.

Insektenhotels für verschiedene

Lehmwände: Ein Gemisch aus Lehm und Sand, in das kleine Löcher gebohrt werden, zieht besonders Wildbienen an, die ihre Nester in lehmigen Böden anlegen.

Totholz: Morsche Holzstücke oder Baumscheiben mit natürlichen Rissen und Löchern bieten vielen Käferarten und anderen holzbewohnenden Insekten Unterschlupf.

Stroh oder Heu: Locker gestopfte Bündel aus trockenem Stroh oder Heu sind attraktiv für Florfliegen und Ohrwürmer, die als natürliche Schädlingsbekämpfer im Garten fungieren.

Tannenzapfen und Rindenmulch: Diese natürlichen Materialien bieten Unterschlupf für Marienkäfer und andere nützliche Käferarten.

Bei der Gestaltung des Insektenhotels ist es wichtig, auf eine Vielfalt der Nistmöglichkeiten zu achten. Jede Insektenart hat spezifische Ansprüche an ihren Lebensraum. Je abwechslungsreicher das Angebot, desto mehr verschiedene Arten können angelockt werden.

Die Platzierung des Insektenhotels im Garten ist entscheidend für seinen Erfolg. Folgende Aspekte sollten berücksichtigt werden:

Sonniger Standort: Die meisten Insekten bevorzugen einen warmen, sonnigen Platz. Das Hotel sollte daher an einer Stelle aufgestellt werden, die mindestens 4-6 Stunden direktes Sonnenlicht pro Tag erhält.

Windgeschützt: Ein windgeschützter Standort, beispielsweise an einer Hauswand oder neben einer Hecke, bietet den Insekten Schutz vor starken Winden und Regen.

Südausrichtung: Eine Ausrichtung nach Süden oder Südosten maximiert die Sonneneinstrahlung und sorgt für optimale Temperaturen im Insektenhotel.

Bodenfreiheit: Das Hotel sollte nicht direkt auf dem Boden stehen, sondern mindestens 30 cm darüber angebracht werden, um Feuchtigkeit und Schimmelbildung zu vermeiden.

Nähe zu Nahrungsquellen: Eine Platzierung in der Nähe von blühenden Pflanzen erleichtert den Insekten die Nahrungssuche und erhöht die Attraktivität des Hotels.

Ruhige Lage: Ein Standort abseits stark frequentierter Gartenwege reduziert Störungen und erhöht die Akzeptanz durch die Insekten.

Die Pflege eines Insektenhotels ist relativ einfach, aber wichtig für seine Langlebigkeit und Funktionalität:

Regelmäßige Kontrolle: Mindestens einmal im Jahr, idealerweise im Frühjahr, sollte das Hotel auf Beschädigungen oder Feuchtigkeit überprüft werden.

Reinigung: Eine gründliche Reinigung ist in der Regel nicht notwendig und kann sogar kontraproduktiv sein, da dabei Insekten gestört werden könnten. Lediglich grobe Verschmutzungen oder Spinnweben sollten vorsichtig entfernt werden.

Austausch von Materialien: Morsche oder feuchte Holzteile, verschimmelte Strohbündel oder verstopfte Röhrchen sollten bei Bedarf ausgetauscht werden.

Schutz vor Fressfeinden: Wenn Vögel beginnen, die Nisthöhlen auszuräumen, kann ein feinmaschiges Drahtgitter in einigem Abstand vor dem Hotel angebracht werden.

Ergänzung des Angebots: Im Laufe der Zeit können neue Module oder Nistmöglichkeiten hinzugefügt werden, um die Attraktivität des Hotels für verschiedene Insektenarten zu erhöhen.

Insektenhotels für verschiedene

Ein gut gepflegtes und richtig platziertes Insektenhotel kann über viele Jahre hinweg ein wertvoller Lebensraum für verschiedene Bestäuber und andere nützliche Insekten sein. Es bietet nicht nur Nist- und Überwinterungsmöglichkeiten, sondern ist auch ein faszinierendes Beobachtungsobjekt für Naturliebhaber jeden Alters.

Gartenbesitzer sollten bedenken, dass ein Insektenhotel allein nicht ausreicht, um die Biodiversität im Garten zu fördern. Es ist vielmehr Teil eines ganzheitlichen Konzepts zur Schaffung eines naturnahen Lebensraums. Die Kombination aus Insektenhotel, vielfältigem Pflanzenangebot, Wasserstellen und naturbelassenen Bereichen im Garten bildet die Grundlage für ein ausgewogenes Ökosystem, das einer Vielzahl von Insekten und anderen Tieren ein Zuhause bietet.

Kombination von Bestäuberfreundlichkeit

Ein bestäuberfreundlicher Garten muss keineswegs auf Schönheit und Funktionalität verzichten. Im Gegenteil: Die Integration von Pflanzen und Strukturen, die Bienen, Schmetterlinge und andere Bestäuber anlocken, kann einen Garten zu einem lebendigen und ästhetisch ansprechenden Ort machen. Die Herausforderung liegt darin, die Bedürfnisse der Insekten mit den Wünschen der Gartenbesitzer in Einklang zu bringen.

Ein wichtiger Aspekt bei der Gestaltung eines bestäuberfreundlichen Gartens ist die Auswahl der richtigen Pflanzen. Heimische Wildblumen sind dabei von besonderer Bedeutung, da sie optimal an die lokalen Insektenarten angepasst sind. Kornblumen, Margeriten, Wilder Majoran und Glockenblumen sind nur einige Beispiele für attraktive einheimische Pflanzen, die sowohl optisch ansprechend sind als auch Nektar und Pollen für Bestäuber liefern.

Um einen harmonischen Übergang zwischen klassischen Gartenelementen und naturnahen Bereichen zu schaffen, können Gartenbesitzer Staudenbeete anlegen, die sowohl kultivierte als auch wildwachsende Arten kombinieren. Ein solches Beet könnte beispielsweise Sonnenhut, Lavendel und Katzenminze neben Wiesensalbei und Wilder Möhre beherbergen. Diese Mischung bietet nicht nur eine lange Blütezeit von Frühling bis Herbst, sondern auch eine Vielfalt an Farben und Formen, die das Auge erfreut.

Strukturreiche Gärten sind nicht nur für Menschen interessant, sondern bieten auch Bestäubern vielfältige Lebensräume. Trockenmauern, Steinhaufen und Totholzecken können als gestalterische Elemente in den Garten integriert werden und gleichzeitig Nistmöglichkeiten für Wildbienen und andere Insekten bieten. Ein kunstvoll arrangierter

Kombination von Bestäuberfreundlichkeit

Steingarten mit Sukkulenten und trockenheitsresistenten Blühpflanzen kann beispielsweise ein attraktiver Blickfang sein und zugleich wärmeliebenden Insekten einen idealen Lebensraum bieten.

Wasserstellen sind ein weiteres wichtiges Element in einem bestäuberfreundlichen Garten. Ein kleiner Teich oder eine flache Wasserschale mit Steinen als Landeplätzen zieht nicht nur Insekten an, sondern kann auch als gestalterisches Highlight dienen. Umgeben von Sumpfpflanzen und Wasserlilien entsteht so eine Oase, die sowohl Menschen als auch Tiere erfreut.

Obstbäume und Beerensträucher sind nicht nur für den menschlichen Genuss wertvoll, sondern auch für Bestäuber von großer Bedeutung. Eine Streuobstwiese oder ein kleiner Obstgarten kann als strukturierendes Element in größeren Gärten dienen und gleichzeitig Nahrung und Lebensraum für eine Vielzahl von Insekten bieten. Unter den Bäumen kann eine Blumenwiese angelegt werden, die nur ein- bis zweimal im Jahr gemäht wird und so eine naturnahe Atmosphäre schafft.

In kleineren Gärten oder auf Balkonen können vertikale Gärten eine Lösung sein, um auf begrenztem Raum viele bestäuberfreundliche Pflanzen unterzubringen. Rankende Pflanzen wie Wilder Wein oder Clematis an Pergolen oder Zäunen bieten nicht nur Sichtschutz, sondern auch Nahrung für Insekten. Kräuterspiralen oder bepflanzte Palettenwände können ebenfalls platzsparend viele nektarreiche Pflanzen beherbergen.

Bei der Integration von bestäuberfreundlichen Elementen in bestehende Gartenlandschaften ist es wichtig, schrittweise vorzugehen. Gartenbesitzer können damit beginnen, einzelne Bereiche umzugestalten oder bestehende Beete durch die Zugabe von heimischen Wildblumen aufzuwerten. Eine Ecke des Rasens kann in eine Blumenwiese umgewandelt werden, oder ein Teil der Hecke kann durch blühende Sträucher wie Weißdorn oder Holunder ersetzt werden.

Ein Beispiel für einen Garten, der Funktionalität und Bestäuberfreundlichkeit vereint, ist der "essbare Garten". Hier werden Gemüsebeete mit Blühpflanzen kombiniert, die nicht nur als natürliche Schädlingsbekämpfer dienen, sondern auch Bestäuber anlocken. Ringelblumen, Borretsch und Kapuzinerkresse sind nicht nur essbar, sondern auch attraktiv für Insekten. Zwischen den Gemüsereihen können schmale Streifen mit Wildblumen angelegt werden, die den Garten optisch auflockern und gleichzeitig die Biodiversität erhöhen.

Ein weiteres Beispiel für einen ästhetisch ansprechenden und bestäuberfreundlichen Garten ist der naturnahe Cottage-Garten. Dieser Gartentyp zeichnet sich durch eine scheinbar ungezwungene Mischung von Stauden, Rosen und einjährigen Blumen aus. Durch die Wahl von ungefüllten Blüten und die Integration von heimischen Wildblumen wird dieser romantische Gartenstil zu einem Paradies für Bienen, Schmetterlinge und andere Bestäuber. Gewundene Kieswege, rustikale Zäune und alte Holzelemente fügen sich harmonisch in dieses Bild ein und bieten gleichzeitig Nistmöglichkeiten für Insekten.

Auch formale Gärten können bestäuberfreundlich gestaltet werden. Ein symmetrisch angelegter Kräutergarten mit Lavendel, Thymian und Salbei ist nicht nur ein Augenschmaus, sondern auch ein Magnet für Bienen und Schmetterlinge. Geometrisch geschnittene Hecken können aus blühenden Gehölzen wie Liguster oder Hainbuche bestehen, die Insekten Nahrung bieten. In den Zwischenräumen können Staudenbeete

Kombination von Bestäuberfreundlichkeit

angelegt werden, die trotz ihrer geordneten Struktur eine Vielfalt an nektarreichen Pflanzen beherbergen.

Ein moderner, minimalistischer Garten kann ebenfalls bestäuberfreundlich gestaltet werden. Großflächige Pflanzungen von Gräsern können mit Inseln aus blühenden Stauden wie Sonnenhut, Fetthenne oder Verbenen durchsetzt werden. Skulpturale Elemente wie Cortenstahl-Objekte können als Rankhilfen für Kletterpflanzen dienen, die wiederum Nahrung für Bestäuber bieten. Wasserbecken mit klaren, geometrischen Formen können durch die Zugabe von schwimmenden Wasserpflanzen zu Trinkstellen für Insekten werden.

Kapitel 3: Warum sind Bienen bedroht?

Die Bedrohung der Bienen durch den Verlust ihrer Lebensräume ist ein komplexes und vielschichtiges Problem, das eng mit den Veränderungen der modernen Welt verknüpft ist. Urbanisierung und landwirtschaftliche Monokulturen spielen dabei eine zentrale Rolle und haben weitreichende Auswirkungen auf die Bienenpopulationen.

In den letzten Jahrzehnten hat die Urbanisierung in vielen Teilen der Welt rapide zugenommen. Städte dehnen sich aus, verschlingen umliegende Naturräume und verwandeln einst blühende Wiesen und Wälder in Betonlandschaften. Dieser Prozess hat dramatische Folgen für die Bienen. Wo einst vielfältige Blütenlandschaften existierten, finden sich nun versiegelte Flächen, auf denen kaum noch Pflanzen wachsen können. Die wenigen Grünflächen in Städten sind oft stark gepflegt und bieten mit ihren kurz geschnittenen Rasenflächen und exotischen Zierpflanzen nur wenig Nahrung für Bienen.

Die Zerstückelung der Landschaft durch Straßen und Gebäude erschwert es den Bienen zusätzlich, geeignete Nahrungsquellen zu finden. Besonders Wildbienen, die oft nur einen begrenzten Flugradius haben, leiden unter dieser Fragmentierung ihres Lebensraums. Sie können die wenigen verbliebenen Blühflächen in der Stadt oft nicht erreichen, was zu einer Verarmung der Bienenpopulation in urbanen Gebieten führt.

Auch die Nistmöglichkeiten für Bienen werden durch die Urbanisierung stark eingeschränkt. Viele Wildbienenarten benötigen spezielle Strukturen zum Nisten, wie offene Bodenflächen, Totholz oder Hohlräume in Mauern. In der modernen Stadtlandschaft sind solche Strukturen selten geworden. Gepflasterte Flächen, glatte Fassaden und aufgeräumte Parks bieten kaum geeignete Nistplätze.

Verlust von Lebensräumen

Die Lichtverschmutzung in Städten stellt ein weiteres Problem dar. Künstliche Beleuchtung in der Nacht kann den natürlichen Rhythmus der Bienen stören und ihre Orientierung beeinträchtigen. Dies kann dazu führen, dass Bienen weniger effektiv Nahrung sammeln oder den Weg zurück zu ihrem Nest nicht finden.

Parallel zur Urbanisierung hat sich auch die Landwirtschaft in den letzten Jahrzehnten stark verändert, mit gravierenden Folgen für die Bienen. Der Trend zu großflächigen Monokulturen hat viele ehemals artenreiche Agrarlandschaften in einförmige Produktionsflächen verwandelt. Wo früher eine Vielfalt an Feldblumen, Hecken und Ackerrandstreifen zu finden war, erstrecken sich heute oft kilometerweit die gleichen Nutzpflanzen.

Diese Monokulturen bieten Bienen nur für kurze Zeit im Jahr Nahrung, nämlich dann, wenn die angebaute Kultur blüht. Außerhalb dieser Blühperioden finden die Insekten kaum Nektar oder Pollen. Besonders problematisch ist dies für Bienenarten, die auf bestimmte Pflanzen spezialisiert sind. Wenn diese Pflanzen aus der Landschaft verschwinden, verlieren die darauf angewiesenen Bienen ihre Lebensgrundlage.

Die intensive Landwirtschaft geht oft mit dem Einsatz von Pestiziden einher, was eine zusätzliche Bedrohung für Bienen darstellt. Insbesondere Neonikotinoide, eine Klasse von Insektiziden, stehen im Verdacht, das Nervensystem der Bienen zu schädigen und ihre Orientierungsfähigkeit zu beeinträchtigen. Auch wenn der Einsatz einiger dieser Mittel in der EU mittlerweile eingeschränkt ist, bleiben die langfristigen Auswirkungen auf die Bienenpopulationen bestehen.

Verlust von Lebensräumen

Die Beseitigung von Ackerrandstreifen, Hecken und anderen naturnahen Strukturen in der Agrarlandschaft hat den Lebensraum vieler Bienenarten weiter eingeengt. Diese Strukturen dienten nicht nur als Nahrungsquellen, sondern auch als Nistplätze und Überwinterungsmöglichkeiten. Ihr Verlust macht es für viele Bienenarten schwierig, in der modernen Agrarlandschaft zu überleben.

Die Mechanisierung der Landwirtschaft trägt ebenfalls zum Verlust von Bienenlebensräumen bei. Schwere Maschinen verdichten den Boden und machen ihn für bodennistende Bienenarten ungeeignet. Häufiges Mähen von Grünland verhindert, dass Blütenpflanzen zur vollen Blüte kommen und Samen bilden können, was langfristig zu einer Verarmung der Pflanzenvielfalt führt.

Der Klimawandel verstärkt die negativen Auswirkungen von Urbanisierung und landwirtschaftlichen Monokulturen noch. Veränderte Blühzeiten und Verschiebungen in der geografischen Verbreitung von Pflanzen können dazu führen, dass Bienen und ihre bevorzugten Nahrungspflanzen nicht mehr synchron sind. Extreme Wetterereignisse wie Dürren oder Überschwemmungen können zudem ganze Bienenpopulationen gefährden.

Die Kombination aus Urbanisierung und landwirtschaftlichen Monokulturen hat zu einer drastischen Reduktion der Blütenvielfalt in der Landschaft geführt. Dies betrifft nicht nur die Anzahl der blühenden Pflanzen, sondern auch die Diversität der Blütenformen und -farben. Viele Bienenarten haben sich im Laufe der Evolution auf bestimmte Blütentypen spezialisiert und leiden besonders unter dem Verlust dieser spezifischen Nahrungsquellen.

Pestizide und ihre Folgen

Über die bereits erwähnten Regulierungen von Neonikotinoiden in der DACH-Region hinaus gibt es weitere wichtige Aspekte bezüglich der Auswirkungen von Pestiziden auf Bienenpopulationen.

Ein zentrales Problem ist die Persistenz vieler Pestizide in der Umwelt. Selbst nach dem Verbot bestimmter Substanzen können diese noch jahrelang im Boden und in Gewässern nachweisbar sein. Dies führt dazu, dass Bienen auch lange nach der letzten Anwendung noch mit diesen Stoffen in Kontakt kommen können. Studien haben gezeigt, dass selbst geringe Rückstände von Neonikotinoiden in Böden und Pflanzen ausreichen, um das Verhalten und die Gesundheit von Bienen zu beeinträchtigen.

Die Kombination verschiedener Pestizide stellt eine weitere Herausforderung dar. In der Landwirtschaft werden oft mehrere Wirkstoffe gleichzeitig oder in kurzer Abfolge eingesetzt. Diese Mischungen können synergistische Effekte haben, die für Bienen weitaus schädlicher sind als die einzelnen Substanzen allein. Forscher haben festgestellt, dass bestimmte Kombinationen von Fungiziden und Insektiziden die Toxizität für Bienen um ein Vielfaches erhöhen können.

Ein oft übersehener Aspekt ist die Auswirkung von Pestiziden auf das Immunsystem der Bienen. Subletale Dosen, also Mengen, die nicht unmittelbar tödlich sind, können die Widerstandsfähigkeit der Bienen gegen Krankheiten und Parasiten verringern. Dies macht sie anfälliger für Infektionen wie die Varroamilbe oder Nosema-Erkrankungen. In einigen Fällen wurde beobachtet, dass pestizidbelastete Bienen häufiger an Virusinfektionen leiden.

Die Beeinträchtigung der Orientierungsfähigkeit der Bienen durch Pestizide ist ein weiterer kritischer Punkt. Insbesondere Neonikotinoide können das Nervensystem der Bienen so beeinflussen, dass sie Schwierigkeiten haben, den Weg zurück zu ihrem Stock zu finden. Dies führt nicht nur zum Verlust einzelner Arbeiterinnen, sondern kann auch dazu führen, dass weniger Nahrung für die Kolonie gesammelt wird.

Pestizide können auch die Reproduktionsfähigkeit von Bienen beeinträchtigen. Bei Königinnen wurde eine verringerte Eiablage und bei Drohnen eine reduzierte Spermienqualität festgestellt. Dies kann langfristig zu einer Schwächung ganzer Bienenpopulationen führen, da die Erneuerung und Vermehrung der Kolonien beeinträchtigt wird.

Ein weiteres Problem ist die Kontamination von Wasserstellen. Bienen benötigen Wasser nicht nur für sich selbst, sondern auch zur Regulierung der Temperatur und Feuchtigkeit im Stock. Wenn Pestizide in Pfützen, Teichen oder anderen Wasserquellen vorhanden sind, nehmen die Bienen diese unweigerlich auf und tragen sie in den Stock, wo sie die gesamte Kolonie belasten können.

Die Auswirkungen von Pestiziden auf Wildbienen sind oft noch gravierender als auf Honigbienen. Viele Wildbienenarten sind spezialisierter in ihrer Lebensweise und haben kleinere Populationen, was sie anfälliger für Umweltgifte macht. Zudem fehlt ihnen der Schutz und die Pflege durch Imker, die bei Honigbienen oft zumindest teilweise die negativen Auswirkungen abmildern können.

Ein oft unterschätzter Faktor ist der Einfluss von Pestiziden auf die Kommunikation zwischen Bienen. Der berühmte Schwänzeltanz, mit dem Honigbienen ihren Artgenossen den Weg zu ergiebigen Nahrungsquellen zeigen, kann durch subletale Dosen von Pestiziden gestört werden. Dies führt zu einer weniger effizienten Nahrungssuche und schwächt die gesamte Kolonie.

Pestizide und ihre Folgen

Die Problematik der Pestizide erstreckt sich auch auf den häuslichen Bereich. Viele Hobbygärtner verwenden unwissentlich bienenschädliche Produkte in ihren Gärten. Insbesondere Kombinationspräparate, die sowohl Dünger als auch Pestizide enthalten, können eine Gefahr für Bienen darstellen, wenn sie auf blühende Pflanzen aufgebracht werden.

In der industriellen Landwirtschaft kommt es zudem oft zu einer Überbehandlung mit Pestiziden. Aus Vorsicht oder mangelnder Kenntnis werden Mittel prophylaktisch eingesetzt, auch wenn kein akuter Schädlingsbefall vorliegt. Diese Praxis erhöht die Belastung für Bienen und andere Insekten unnötig.

Die Entwicklung von Resistenzen bei Schädlingen führt zu einem Teufelskreis. Wenn Schädlinge gegen bestimmte Pestizide unempfindlich werden, werden oft stärkere oder neuartige Mittel eingesetzt. Dies erhöht wiederum den Druck auf die Bienenpopulationen, die mit immer neuen chemischen Verbindungen konfrontiert werden.

Ein weiterer Aspekt ist die Bioakkumulation von Pestiziden in der Nahrungskette. Bienen nehmen Pestizide nicht nur direkt über kontaminierte Pflanzen auf, sondern auch über Pollen und Nektar, in denen sich diese Stoffe anreichern können. Dies kann zu einer langfristigen und schleichenden Vergiftung führen, deren Auswirkungen oft erst nach längerer Zeit sichtbar werden.

Die Forschung zu den Auswirkungen von Pestiziden auf Bienen steht vor der Herausforderung, die komplexen Wechselwirkungen in realen Ökosystemen zu erfassen. Laborstudien können oft nicht die volle Bandbreite der Einflüsse abbilden, denen Bienen in der freien Natur ausgesetzt sind. Dies erschwert die Entwicklung wirksamer Schutzmaßnahmen und angemessener Regulierungen.

Klimawandel und seine Auswirkungen auf Bienen

Der Klimawandel stellt eine der größten Herausforderungen für Bienenpopulationen weltweit dar. Die Veränderungen in Temperatur- und Wettermustern haben weitreichende Auswirkungen auf das Leben und Verhalten der Bienen, sowohl bei Honigbienen als auch bei Wildbienen.

Temperaturanstieg und Auswirkungen auf den Lebenszyklus

Eine der offensichtlichsten Folgen des Klimawandels ist der globale Temperaturanstieg. Für Bienen bedeutet dies eine Verschiebung ihrer natürlichen Rhythmen. In vielen Regionen der DACH-Länder beginnt der Frühling früher, was dazu führt, dass Bienen ihren Winterschlaf früher beenden. Dies kann problematisch sein, wenn die Blühzeiten der Pflanzen nicht im gleichen Maße vorverlegt sind. Bienen erwachen dann in eine Umgebung, in der noch nicht genügend Nahrung zur Verfügung steht.

Die erhöhten Temperaturen beeinflussen auch die Entwicklung der Bienenbrut. Studien haben gezeigt, dass höhere Temperaturen die Entwicklungszeit der Larven verkürzen können. Während dies auf den ersten Blick vorteilhaft erscheinen mag, kann es zu Problemen führen, wenn die schnellere Entwicklung nicht mit dem Nahrungsangebot in der Umgebung synchronisiert ist.

Veränderungen in den Blühzeiten

Der Klimawandel führt zu Verschiebungen in den Blühzeiten vieler Pflanzenarten. Einige Pflanzen blühen früher, andere später als in der Vergangenheit. Dies kann zu einer Entkopplung zwischen den Bienen und ihren traditionellen Nahrungsquellen führen. Bienen, die auf bestimmte Pflanzenarten spezialisiert sind, können besonders stark

Klimawandel und seine Auswirkungen auf Bienen

betroffen sein, wenn ihre bevorzugten Blüten nicht mehr zur richtigen Zeit verfügbar sind.

In manchen Fällen führt der Klimawandel auch zu einer Verkürzung der Blühperioden. Dies bedeutet für die Bienen weniger Zeit, um Nektar und Pollen zu sammeln, was sich negativ auf die Ernährung der Kolonien auswirken kann.

Extremwetterereignisse

Der Klimawandel bringt eine Zunahme von Extremwetterereignissen mit sich. Häufigere und intensivere Hitzewellen stellen eine direkte Bedrohung für Bienenvölker dar. Extreme Hitze kann dazu führen, dass Bienenstöcke überhitzen, was zum Tod ganzer Kolonien führen kann. Bienen müssen in solchen Situationen mehr Energie für die Kühlung des Stocks aufwenden, was wiederum die Nahrungssammlung beeinträchtigt. Starke Regenfälle und Überschwemmungen, die ebenfalls mit dem Klimawandel in Verbindung gebracht werden, können Bienennester zerstören, insbesondere bei bodennistenden Wildbienenarten. Langanhaltende Regenphasen hindern die Bienen am Ausflug und reduzieren so die Zeit, die für das Sammeln von Nahrung zur Verfügung steht.

Dürreperioden, die in vielen Regionen häufiger und länger auftreten, führen zu einer Verknappung des Nahrungsangebots für Bienen. Pflanzen produzieren unter Trockenstress weniger Nektar und Pollen, was die Ernährungssituation der Bienen verschlechtert.

Veränderungen in der Verbreitung von Bienenarten

Der Klimawandel führt zu Verschiebungen in den Verbreitungsgebieten vieler Bienenarten. Wärmere Temperaturen ermöglichen es einigen Arten, in höhere Lagen oder weiter nach Norden vorzudringen. Dies kann zu Konkurrenzsituationen mit bereits etablierten Arten führen und lokale Ökosysteme aus dem Gleichgewicht bringen.

Gleichzeitig schrumpfen die Lebensräume für kälteliebende Arten. Besonders betroffen sind spezialisierte Hochgebirgsarten, die bei steigenden Temperaturen buchstäblich "den Berg hinauf getrieben" werden und irgendwann keinen geeigneten Lebensraum mehr finden.

Auswirkungen auf das Sammelverhalten

Die veränderten Klimabedingungen beeinflussen auch das Sammelverhalten der Bienen. Höhere Temperaturen können dazu führen, dass Bienen ihre Sammelaktivitäten in kühlere Tageszeiten verlegen müssen, um Überhitzung zu vermeiden. Dies kann die effektive Sammelzeit reduzieren und somit die Versorgung des Bienenvolks mit Nahrung beeinträchtigen.

Zudem können veränderte Windmuster das Flugverhalten der Bienen beeinflussen. Stärkere oder häufigere Winde erschweren den Bienen die Navigation und erhöhen den Energieaufwand für Sammelflüge.

Veränderungen in der Zusammensetzung von Nektar und Pollen

Der Klimawandel beeinflusst nicht nur die Verfügbarkeit, sondern auch die Qualität der Nahrung für Bienen. Höhere CO_2-Konzentrationen in der Atmosphäre können zu Veränderungen in der Zusammensetzung von Nektar und Pollen führen. Studien haben gezeigt, dass der Proteingehalt in Pollen unter erhöhten CO_2-Bedingungen abnehmen kann, was die Nährwertqualität für Bienen reduziert.

Auswirkungen auf die Winterruhe

Die milderen Winter, die in vielen Regionen der DACH-Länder zu beobachten sind, können die Winterruhe der Bienen stören. Höhere Temperaturen im Winter können dazu führen, dass Bienen aktiver sind und mehr Energie verbrauchen. Dies kann problematisch sein, wenn nicht genügend Nahrungsvorräte angelegt wurden oder wenn die erhöhte Aktivität nicht mit verfügbaren Nahrungsquellen in der Umgebung einhergeht.

Veränderungen in der Phänologie

Der Klimawandel führt zu Verschiebungen in der Phänologie, also dem zeitlichen Ablauf natürlicher Ereignisse im Jahreszyklus. Für Bienen bedeutet dies, dass sich die Zeitpunkte wichtiger Ereignisse wie das Erwachen aus dem Winterschlaf, der Beginn der Brutaufzucht oder das Schwärmen verändern können. Wenn diese Verschiebungen nicht im Einklang mit den Veränderungen in der Pflanzenwelt stehen, kann es zu einer Entkopplung zwischen den Bedürfnissen der Bienen und den verfügbaren Ressourcen kommen.

Auswirkungen auf die Bestäubungsleistung

Die veränderten Klimabedingungen haben auch Auswirkungen auf die Bestäubungsleistung der Bienen. Wenn Bienen aufgrund von Hitze oder anderen klimabedingten Faktoren weniger aktiv sind oder ihre Flugzeiten verschieben müssen, kann dies zu einer verringerten Bestäubungseffizienz führen. Dies hat nicht nur Konsequenzen für die Bienen selbst, sondern auch für die Pflanzen, die auf ihre Bestäubung angewiesen sind, einschließlich vieler landwirtschaftlicher Kulturen.

Klimawandel und seine Auswirkungen auf Bienen

Trotz der vielfältigen Herausforderungen, die der Klimawandel mit sich bringt, zeigen Bienen in der DACH-Region bemerkenswerte Anpassungsfähigkeiten. Diese Strategien variieren zwischen verschiedenen Bienenarten und spiegeln die Komplexität der Interaktionen zwischen Bienen und ihrer sich verändernden Umwelt wider.

Verhaltensanpassungen

Eine der auffälligsten Anpassungsstrategien ist die Veränderung des Flug- und Sammelverhaltens. Bienen in der DACH-Region beginnen, ihre Aktivitätszeiten zu verschieben, um extremen Temperaturen auszuweichen. An besonders heißen Tagen kann man beobachten, dass Honigbienen und einige Wildbienenarten ihre Sammelflüge in die frühen Morgenstunden oder späten Nachmittagsstunden verlegen. Dies ermöglicht es ihnen, die Mittagshitze zu vermeiden und dennoch effektiv Nektar und Pollen zu sammeln.

Einige Bienenarten zeigen auch eine erhöhte Flexibilität in ihrer Nahrungswahl. Während viele Wildbienen traditionell auf bestimmte Pflanzenarten spezialisiert sind, beobachten Forscher zunehmend, dass einige Arten ihr Nahrungsspektrum erweitern. Sie besuchen nun auch Pflanzen, die sie früher nicht genutzt haben, um den Verlust ihrer bevorzugten Nahrungsquellen auszugleichen. Diese Anpassungsfähigkeit ist besonders wichtig, wenn sich die Blühzeiten der traditionellen Futterpflanzen verschieben.

Physiologische Anpassungen

Bienen entwickeln auch physiologische Anpassungen, um mit den veränderten Klimabedingungen umzugehen. Einige Arten zeigen eine erhöhte Hitzetoleranz. Studien an Honigbienen in wärmeren Regionen

Klimawandel und seine Auswirkungen auf Bienen

der DACH-Länder haben gezeigt, dass diese Völker besser mit Hitzestress umgehen können als ihre Artgenossen in kühleren Gebieten. Dies deutet darauf hin, dass eine gewisse genetische Anpassung an höhere Temperaturen stattfindet.

Bei einigen Wildbienenarten wurde eine Veränderung in der Körpergröße beobachtet. Kleinere Körpergrößen können in wärmeren Klimaten vorteilhaft sein, da sie eine effizientere Thermoregulation ermöglichen. Diese Anpassung ist besonders bei bodennistenden Arten zu beobachten, die direkter von Bodentemperaturen beeinflusst werden.

Anpassungen im Nestbau

Bienen passen auch ihre Nistgewohnheiten an die veränderten Klimabedingungen an. In Regionen, die häufiger von Überschwemmungen betroffen sind, tendieren bodennistende Arten dazu, ihre Nester an leicht erhöhten Stellen oder in Böschungen anzulegen. Dies reduziert das Risiko, dass ihre Brut durch Wassereintritt geschädigt wird.

Bei Honigbienen beobachten Imker in der DACH-Region, dass die Völker ihre Nester anders strukturieren. In wärmeren Sommern legen die Bienen mehr Wert auf eine gute Belüftung des Stocks. Sie bauen zusätzliche Ventilationskanäle und nutzen verstärkt das "Fächeln" mit den Flügeln, um den Stock zu kühlen.

Anpassungen im Lebenszyklus

Eine weitere wichtige Anpassungsstrategie betrifft den Lebenszyklus der Bienen. Einige Arten in der DACH-Region zeigen eine Tendenz zu einer verlängerten Aktivitätsperiode. Mildere Winter führen dazu, dass manche Bienenarten früher im Jahr aktiv werden und länger in den Herbst hinein fliegen. Dies kann vorteilhaft sein, wenn es um die Nutzung neuer

Klimawandel und seine Auswirkungen auf Bienen

Nahrungsquellen geht, birgt aber auch Risiken, wenn plötzliche Kälteeinbrüche auftreten.

Bei manchen Hummelarten wurde beobachtet, dass sie in wärmeren Regionen dazu übergehen, zwei Generationen pro Jahr hervorzubringen, anstatt wie bisher nur eine. Diese Anpassung ermöglicht es ihnen, die längere Vegetationsperiode besser zu nutzen.

Genetische Anpassungen

Langfristig zeigen Bienen auch genetische Anpassungen an den Klimawandel. Wissenschaftler haben festgestellt, dass bestimmte genetische Varianten, die eine bessere Anpassung an wärmere Temperaturen ermöglichen, in Bienenpopulationen häufiger werden. Diese genetischen Veränderungen betreffen unter anderem Gene, die für die Thermoregulation und den Wasserhaushalt wichtig sind.

Bei Honigbienen in der DACH-Region beobachten Imker und Forscher eine zunehmende Tendenz zur Hybridisierung zwischen verschiedenen Unterarten. Diese natürliche Kreuzung kann zu robusteren Bienenvölkern führen, die besser mit den sich ändernden Umweltbedingungen zurechtkommen.

Anpassungen in der Koloniestruktur

Honigbienenvölker zeigen auch Anpassungen in ihrer Koloniestruktur. In Regionen mit häufigeren Hitzewellen tendieren die Völker dazu, ihre Bruttätigkeit zu reduzieren, um den Energiebedarf und die Wärmeproduktion im Stock zu verringern. Gleichzeitig erhöhen sie die Zahl der Arbeiterinnen, die für die Wasserbeschaffung und Kühlung des Stocks zuständig sind.

Klimawandel und seine Auswirkungen auf Bienen

In Gebieten mit unbeständigeren Wetterbedingungen legen Bienenvölker tendenziell größere Honigvorräte an. Dies dient als Puffer für Zeiten, in denen das Nahrungsangebot aufgrund von Wetterextremen knapp wird.

Nutzung neuer Lebensräume

Eine weitere Anpassungsstrategie ist die Erschließung neuer Lebensräume. In der DACH-Region beobachten Biologen, dass einige Bienenarten in höhere Lagen vordringen. Dies ermöglicht es ihnen, kühlere Temperaturen zu finden, die ihren ursprünglichen Lebensbedingungen ähnlicher sind. Allerdings bringt diese Strategie auch neue Herausforderungen mit sich, da die Bienen in diesen neuen Habitaten auf andere Pflanzengemeinschaften treffen.

In städtischen Gebieten zeigen Bienen eine bemerkenswerte Anpassungsfähigkeit an das Stadtklima. Urbane Wärmeinseln bieten oft ein wärmeres Mikroklima und eine längere Vegetationsperiode. Einige Bienenarten nutzen diese Bedingungen und siedeln sich vermehrt in Städten an, wo sie von der Vielfalt der Gartenpflanzen und der geringeren Pestizidbelastung profitieren können.

Veränderungen in der Bestäubungseffizienz

Angesichts der veränderten klimatischen Bedingungen passen Bienen auch ihre Bestäubungsstrategien an. In Regionen, in denen die Blühzeiten von Pflanzen kürzer werden, zeigen einige Bienenarten eine erhöhte Effizienz bei der Pollensammlung. Sie besuchen mehr Blüten in kürzerer Zeit und optimieren so ihre Bestäubungsleistung.

Die Varroa-Milbe und andere Bedrohungen

Die Varroa-Milbe (Varroa destructor) stellt eine der gravierendsten Bedrohungen für Honigbienen in der DACH-Region und weltweit dar. Dieser winzige Parasit, der ursprünglich auf der asiatischen Honigbiene (Apis cerana) beheimatet war, hat sich in den letzten Jahrzehnten zu einem globalen Problem für die westliche Honigbiene (Apis mellifera) entwickelt.

Die Varroa-Milbe ist etwa 1,1 Millimeter lang und 1,5 Millimeter breit, was sie mit bloßem Auge gerade noch erkennbar macht. Ihr flacher, ovaler Körper ist dunkelrot bis braun gefärbt und perfekt an das Leben im Bienenstock angepasst. Die Milben heften sich an erwachsene Bienen und ernähren sich von deren Hämolymphe, dem "Blut" der Insekten. Doch der wahre Schaden entsteht in der Brutzelle.

Der Lebenszyklus der Varroa-Milbe ist eng mit dem der Honigbiene verwoben. Kurz bevor eine Brutzelle verdeckelt wird, dringt ein befruchtetes Milbenweibchen ein. In der verschlossenen Zelle legt es mehrere Eier, aus denen sich Nachkommen entwickeln. Diese ernähren sich von der sich entwickelnden Bienenlarve oder -puppe. Wenn die junge Biene schlüpft, verlassen auch die erwachsenen Milben die Zelle und der Zyklus beginnt von neuem.

Die Auswirkungen dieses Parasitismus auf die Bienenkolonie sind verheerend. Zunächst schwächt der Befall die einzelnen Bienen. Die Milben entziehen den Bienen nicht nur wichtige Nährstoffe, sondern übertragen auch Viren und andere Krankheitserreger. Befallene Bienen haben oft deformierte Flügel, ein verkürztes Abdomen und eine reduzierte Lebenserwartung. Sie sind weniger leistungsfähig beim Sammeln von Nektar und Pollen und können ihre Aufgaben im Stock nicht mehr vollständig erfüllen.

Die Varroa-Milbe und andere Bedrohungen

Besonders dramatisch sind die Folgen für die Bienenbrut. Stark befallene Larven und Puppen sterben oft noch in der Zelle ab oder schlüpfen als stark geschwächte Bienen. Dies führt zu einer erhöhten Sterblichkeit im Bienenvolk und einer Verringerung der Volksstärke. In schweren Fällen kann ein Varroa-Befall zum vollständigen Zusammenbruch einer Bienenkolonie führen.

Die Varroa-Milbe beeinträchtigt auch das Immunsystem der Bienen. Studien haben gezeigt, dass befallene Bienen anfälliger für andere Krankheiten und Umweltstressoren sind. Dies macht sie besonders verwundbar gegenüber den vielfältigen Herausforderungen, denen Bienen in der modernen Umwelt ausgesetzt sind, wie Pestizide oder Nahrungsmangel.

Ein weiterer schwerwiegender Effekt der Varroa-Milbe ist ihre Rolle als Vektor für Viruskrankheiten. Die Milben übertragen eine Vielzahl von Bienenviren, darunter das Deformed Wing Virus (DWV), das Akute Bienen-Paralyse-Virus (ABPV) und das Sackbrut-Virus (SBV). Diese Viren können in Kombination mit dem Varroa-Befall zu einem schnellen Zusammenbruch des Bienenvolks führen, ein Phänomen, das als Varroa-Virus-Syndrom bekannt ist.

Die Bekämpfung der Varroa-Milbe stellt Imker vor große Herausforderungen. Traditionelle chemische Behandlungsmethoden verlieren aufgrund von Resistenzentwicklungen bei den Milben zunehmend an Wirksamkeit. Zudem können Rückstände dieser Mittel im Honig und Wachs problematisch sein. Daher gewinnen alternative Bekämpfungsmethoden wie die Anwendung von organischen Säuren, die Hyperthermie-Behandlung oder biotechnische Verfahren wie die Drohnenbrutentnahme zunehmend an Bedeutung.

Die Varroa-Milbe und andere Bedrohungen

Die Varroa-Milbe beeinflusst nicht nur die Gesundheit einzelner Bienenvölker, sondern hat auch weitreichende ökologische und ökonomische Folgen. In vielen Regionen der DACH-Länder führt der Varroa-Befall zu erhöhten Winterverlusten bei Bienenvölkern. Dies kann die Bestäubungsleistung in der Landwirtschaft und in natürlichen Ökosystemen beeinträchtigen. Imker müssen mehr Zeit und Ressourcen in die Pflege und den Erhalt ihrer Völker investieren, was die Kosten für die Imkerei und letztlich auch für Honig und andere Bienenprodukte erhöht.

Die Forschung arbeitet intensiv an Lösungen für das Varroa-Problem. Ein vielversprechender Ansatz ist die Zucht von varroaresistenten Bienen. Einige Bienenpopulationen, wie die Gotland-Biene in Schweden oder bestimmte russische Honigbienenlinien, zeigen eine natürliche Resistenz gegen die Milbe. Wissenschaftler und Züchter arbeiten daran, diese Eigenschaften in kommerziell genutzte Bienenpopulationen einzukreuzen.

Ein weiterer Forschungsschwerpunkt liegt auf dem Verständnis der komplexen Interaktionen zwischen Biene, Milbe und den von ihr übertragenen Viren. Neue Erkenntnisse in diesem Bereich könnten zu innovativen Bekämpfungsstrategien führen, die gezielt in diese Wechselwirkungen eingreifen.

Die Varroa-Milbe stellt nicht nur eine Bedrohung für die Honigbiene dar, sondern beeinflusst indirekt auch wilde Bestäuber. In Gebieten mit hoher Honigbienendichte können durch Varroa geschwächte Bienenvölker als Reservoir für Viren dienen, die dann auf Wildbienen überspringen können. Dies unterstreicht die Notwendigkeit eines ganzheitlichen

Die Varroa-Milbe und andere Bedrohungen

Ansatzes im Bienenschutz, der sowohl die Gesundheit von Honigbienen als auch die Erhaltung wilder Bestäuberpopulationen berücksichtigt.

Um die Schwere der Varroa-Problematik zu verdeutlichen, lassen sich einige konkrete Zahlen und Fakten anführen:

In Deutschland führt der Varroa-Befall jährlich zu Verlusten von 15-25% der Bienenvölker im Winter. In besonders schweren Jahren können diese Verluste auf bis zu 30% ansteigen.

Eine einzige Varroa-Milbe kann während ihrer Lebenszeit bis zu 1.500 Eier legen. In einem stark befallenen Bienenvolk können sich innerhalb weniger Monate bis zu 50.000 Milben entwickeln.

Studien zeigen, dass ein Befall von mehr als 3 Milben pro 100 Bienen bereits zu einer signifikanten Schwächung des Bienenvolks führt. Bei einem Befall von 10-20 Milben pro 100 Bienen ist das Überleben des Volks ohne Behandlung unwahrscheinlich.

In Österreich verursacht die Varroa-Milbe jährlich wirtschaftliche Schäden in Höhe von schätzungsweise 3-4 Millionen Euro durch Bienenverluste und notwendige Behandlungsmaßnahmen.

Untersuchungen in der Schweiz ergaben, dass in unbehandelten Bienenvölkern die Varroa-Population innerhalb eines Jahres um das 12- bis 800-fache ansteigen kann.

Die Varroa-Milbe und andere Bedrohungen

Neben der Varroa-Milbe gibt es eine Vielzahl weiterer Krankheiten und Schädlinge, die eine ernsthafte Bedrohung für Bienenvölker darstellen. Diese Pathogene und Parasiten können einzeln oder in Kombination auftreten und die Gesundheit und Lebensfähigkeit von Bienenpopulationen erheblich beeinträchtigen.

Eine der bedeutendsten bakteriellen Erkrankungen ist die Amerikanische Faulbrut (AFB), verursacht durch den Erreger Paenibacillus larvae. Diese hochansteckende Krankheit befällt ausschließlich die Bienenbrut und führt zum Absterben der Larven. Die infizierten Larven verwandeln sich in eine braune, fadenziehende Masse, die charakteristisch für diese Krankheit ist. AFB ist besonders gefährlich, da die Sporen des Erregers jahrzehntelang infektiös bleiben können. In vielen Ländern der DACH-Region ist die AFB meldepflichtig, und befallene Völker müssen oft vernichtet werden, um eine weitere Ausbreitung zu verhindern.

Die Europäische Faulbrut (EFB), verursacht durch Melissococcus plutonius, ist eine weitere bakterielle Erkrankung, die vor allem die Bienenbrut betrifft. Im Gegensatz zur AFB ist sie weniger virulent und kann unter günstigen Bedingungen von starken Völkern überwunden werden. Die Symptome ähneln denen der AFB, jedoch sterben die Larven meist vor der Verdeckelung der Zellen ab.

Nosemose, verursacht durch einzellige Parasiten der Gattung Nosema, ist eine weit verbreitete Darmerkrankung bei erwachsenen Bienen. Es gibt zwei Arten: Nosema apis und Nosema ceranae. Letztere hat in den letzten Jahren in Europa an Bedeutung gewonnen. Die Infektion führt zu Durchfall, verkürzter Lebensdauer der Bienen und einer verminderten Produktivität des Volkes. Nosemose kann besonders im Winter und Frühjahr zu erheblichen Verlusten führen.

Die Varroa-Milbe und andere Bedrohungen

Der Kleine Beutenkäfer (Aethina tumida) ist ein Schädling, der ursprünglich aus Afrika stammt und sich in den letzten Jahrzehnten weltweit ausgebreitet hat. In Europa wurde er erstmals 2014 in Italien nachgewiesen. Die Larven des Käfers ernähren sich von Honig, Pollen und Bienenbrut und können erhebliche Schäden im Bienenstock verursachen. Sie hinterlassen Kot, der den Honig ungenießbar macht. In schweren Fällen kann der Befall zum Zusammenbruch des Bienenvolks führen.

Die Kalkbrut, verursacht durch den Pilz Ascosphaera apis, ist eine weitere Brutkrankheit. Infizierte Larven verhärten sich zu kreideartigen "Mumien". Obwohl die Krankheit selten zum Verlust ganzer Völker führt, kann sie die Volksstärke deutlich reduzieren und die Anfälligkeit für andere Krankheiten erhöhen.

Viruskrankheiten stellen eine zunehmende Bedrohung für Bienenvölker dar. Neben den bereits im Zusammenhang mit der Varroa-Milbe erwähnten Viren gibt es weitere bedeutende Viruserkrankungen. Das Chronische Bienen-Paralyse-Virus (CBPV) verursacht Zittern, Flugunfähigkeit und den Tod von erwachsenen Bienen. Das Schwarze Königinnen-Virus (BQCV) befällt hauptsächlich Königinnenlarven und -puppen und kann zu signifikanten Verlusten in der Königinnenzucht führen.

Die Tropilaelapsmilbe (Tropilaelaps spp.) ist ein Ektoparasit, der ähnlich wie die Varroa-Milbe die Bienenbrut befällt. Obwohl sie derzeit hauptsächlich in Asien vorkommt, besteht die Gefahr einer Einschleppung nach Europa. Die Milbe vermehrt sich schneller als Varroa und kann innerhalb weniger Monate zum Zusammenbruch eines Bienenvolks führen.

Die Varroa-Milbe und andere Bedrohungen

Wachsmotten, insbesondere die Große Wachsmotte (Galleria mellonella) und die Kleine Wachsmotte (Achroia grisella), können erhebliche Schäden an Waben verursachen. Obwohl sie gesunde Völker normalerweise nicht gefährden, können sie schwache Völker zusätzlich belasten und gelagerte Waben zerstören.

Der Bienenwolf (Philanthus triangulum) ist eine Grabwespenart, die sich auf die Jagd von Honigbienen spezialisiert hat. Obwohl er normalerweise keine Bedrohung für ganze Völker darstellt, kann er in Gebieten mit hoher Populationsdichte zu einem Problem für Bienenstände werden.

Amöbenruhr, verursacht durch den Einzeller Malpighamoeba mellificae, ist eine weitere Darmerkrankung erwachsener Bienen. Sie tritt oft in Verbindung mit Nosemose auf und kann die Lebensdauer der Bienen verkürzen.

Die Entwicklung von Resistenzen gegen Behandlungsmethoden stellt eine zusätzliche Herausforderung dar. Ähnlich wie bei der Varroa-Milbe haben einige Krankheitserreger Resistenzen gegen gängige Medikamente entwickelt. Dies erschwert die Behandlung und erfordert ständige Anpassungen der Bekämpfungsstrategien.

Die Bekämpfung dieser vielfältigen Bedrohungen erfordert ein umfassendes Gesundheitsmanagement in der Imkerei. Präventive Maßnahmen wie regelmäßige Kontrollen, Hygiene im Bienenstand und die Stärkung der natürlichen Abwehrkräfte der Bienen spielen eine zentrale Rolle. Zudem ist die Früherkennung von Krankheiten und Schädlingen entscheidend, um rechtzeitig eingreifen zu können.

Forschung und Entwicklung konzentrieren sich auf verschiedene Ansätze zur Bekämpfung dieser Bedrohungen. Dazu gehören die Züchtung resistenter Bienenlinien, die Entwicklung neuer Behandlungsmethoden und die Verbesserung diagnostischer Verfahren. Auch die Erforschung der komplexen Wechselwirkungen zwischen verschiedenen Stressfaktoren und Krankheitserregern gewinnt zunehmend an Bedeutung.

Die Globalisierung und der damit verbundene weltweite Handel mit Bienen und Bienenprodukten erhöhen das Risiko der Einschleppung neuer Krankheiten und Schädlinge. Strenge Importkontrollen und Quarantänemaßnahmen sind daher von großer Bedeutung für den Schutz der heimischen Bienenpopulationen.

Während viele der genannten Krankheiten und Schädlinge primär Imker betreffen, können Gartenbesitzer und Balkonliebhaber dennoch einen wichtigen Beitrag zum Schutz der Bienen leisten. Obwohl sie gegen die Varroa-Milbe oder spezifische Bienenkrankheiten direkt wenig ausrichten können, gibt es einige Maßnahmen, die die allgemeine Gesundheit und Widerstandsfähigkeit der Bienen unterstützen.

Eine der wichtigsten Aktionen, die Gartenbesitzer unternehmen können, ist die Schaffung eines vielfältigen und gesunden Lebensraums für Bienen. Ein bienenfreundlicher Garten oder Balkon bietet eine breite Palette an Nahrungsquellen und kann dazu beitragen, dass Bienen weniger anfällig für Krankheiten und Parasiten sind. Durch die Anpflanzung einer Vielfalt von heimischen, nektar- und pollenreichen Pflanzen können Gartenbesitzer sicherstellen, dass Bienen Zugang zu einer ausgewogenen und nährstoffreichen Ernährung haben. Dies stärkt ihr Immunsystem und erhöht ihre Widerstandsfähigkeit gegenüber Krankheiten.

Besonders wichtig ist es, giftfreie Gärtnerei zu betreiben. Der Verzicht auf chemische Pestizide und Herbizide schützt nicht nur die Bienen

Die Varroa-Milbe und andere Bedrohungen

direkt vor schädlichen Substanzen, sondern erhält auch ein gesundes Ökosystem, in dem natürliche Feinde von Bienenschädlingen gedeihen können. Stattdessen können biologische Pflanzenschutzmethoden angewendet werden, die bienenschonend sind.

Gartenbesitzer können zudem Nistmöglichkeiten für Wildbienen schaffen, indem sie Insektenhotels aufstellen oder natürliche Nistplätze wie offene Bodenstellen, Totholz oder hohle Pflanzenstängel im Garten belassen. Dies unterstützt die Vielfalt der Bienenpopulationen und trägt zur Stärkung des gesamten Ökosystems bei.

Kapitel 4: Bienenfreundlicher Garten – Grundlagen

Ein bienenfreundlicher Garten ist mehr als nur eine Ansammlung blühender Pflanzen. Er ist ein komplexes Ökosystem, das den Bedürfnissen von Bienen und anderen Bestäubern gerecht wird. Die grundlegenden Prinzipien der bienenfreundlichen Gartengestaltung basieren auf dem Verständnis der Lebensweise und Bedürfnisse dieser wichtigen Insekten.

Das erste und vielleicht wichtigste Prinzip ist die Bereitstellung einer vielfältigen Nahrungsquelle. Bienen benötigen über die gesamte Vegetationsperiode hinweg ein kontinuierliches Angebot an Nektar und Pollen. Ein bienenfreundlicher Garten sollte daher Pflanzen enthalten, die zu unterschiedlichen Zeiten blühen, vom frühen Frühling bis in den späten Herbst hinein. Frühblüher wie Krokusse, Schneeglöckchen und Winterlinge sind besonders wichtig, da sie den Bienen nach der Winterruhe die erste Nahrung bieten. Im Sommer sorgen Stauden wie Sonnenhut, Lavendel und Katzenminze für ein reichhaltiges Nahrungsangebot, während im Herbst spätblühende Arten wie Astern und Herbstanemonen die Saison abrunden.

Die Auswahl heimischer Pflanzenarten spielt dabei eine zentrale Rolle. Einheimische Pflanzen haben sich über Jahrtausende gemeinsam mit den lokalen Bienenarten entwickelt und sind daher optimal an deren Bedürfnisse angepasst. Sie bieten nicht nur Nahrung, sondern dienen oft auch als Nistplätze für Wildbienen. Exotische Zierpflanzen können zwar attraktiv aussehen, sind für Bienen jedoch häufig weniger wertvoll oder sogar nutzlos, wenn sie keinen Nektar oder Pollen produzieren.

Was macht einen Garten bienenfreundlich?

Ein weiteres wichtiges Prinzip ist die Schaffung von Strukturvielfalt im Garten. Bienen benötigen nicht nur Nahrung, sondern auch geeignete Nistplätze und Überwinterungsmöglichkeiten. Ein naturnaher Garten mit verschiedenen Ebenen und Strukturen bietet hierfür ideale Voraussetzungen. Offene Bodenstellen, Totholz, Steinhaufen und ungestörte Ecken mit vertrocknetem Pflanzenmaterial sind wertvolle Elemente eines bienenfreundlichen Gartens. Hier finden viele Wildbienenarten die Möglichkeit, ihre Nester anzulegen.

Die Verwendung von Pestiziden und anderen chemischen Pflanzenschutzmitteln ist in einem bienenfreundlichen Garten tabu. Diese Substanzen können nicht nur direkt schädlich für Bienen sein, sondern auch indirekt, indem sie die Nahrungsquellen der Bienen beeinträchtigen oder das ökologische Gleichgewicht stören. Stattdessen sollten natürliche Methoden der Schädlingsbekämpfung angewendet werden, wie beispielsweise die Förderung von Nützlingen oder der Einsatz von Pflanzenjauchen.

Ein oft übersehener Aspekt eines bienenfreundlichen Gartens ist die Bereitstellung von Wasser. Bienen benötigen Wasser nicht nur zum Trinken, sondern auch zur Regulierung der Temperatur und Luftfeuchtigkeit in ihren Nestern. Flache Wasserstellen, in denen die Bienen nicht ertrinken können, sind daher ein wichtiges Element. Dies kann eine flache Schale mit Steinen sein, auf denen die Bienen landen können, oder ein kleiner Teich mit flachen Uferzonen.

Die Gestaltung eines bienenfreundlichen Gartens berücksichtigt auch die Flugwege der Bienen. Bienen bevorzugen offene, sonnige Bereiche und meiden dichte, schattige Vegetation. Eine geschickte Anordnung der

Was macht einen Garten bienenfreundlich?

Pflanzen, die Freiräume und Flugkorridore schafft, erleichtert den Bienen die Navigation und den Zugang zu Nahrungsquellen.

Ein weiteres Prinzip ist die Förderung der Artenvielfalt. Ein bienenfreundlicher Garten sollte nicht nur Honigbienen, sondern auch die vielen verschiedenen Wildbienenarten unterstützen. Dazu gehören Hummeln, Mauerbienen, Sandbienen und viele andere. Jede Art hat spezifische Bedürfnisse in Bezug auf Nahrung und Nistplätze, die bei der Gartengestaltung berücksichtigt werden sollten.

Die Wahl der richtigen Pflanzenarten und -sorten ist entscheidend. Gefüllte Blüten mögen für das menschliche Auge attraktiv sein, sind für Bienen jedoch oft wertlos, da sie keinen oder nur schwer zugänglichen Nektar und Pollen bieten. Stattdessen sollten einfache, offene Blütenformen bevorzugt werden. Auch die Blütenfarbe spielt eine Rolle: Bienen sehen Farben anders als Menschen und werden besonders von Blau, Violett, Weiß und Gelb angezogen.

Ein bienenfreundlicher Garten berücksichtigt auch die jahreszeitlichen Bedürfnisse der Bienen. Im Frühjahr, wenn die Völker wachsen, ist ein reichhaltiges Nahrungsangebot besonders wichtig. Im Sommer benötigen die Bienen Schattenplätze und Wasserquellen, um der Hitze zu trotzen. Im Herbst sind proteinreiche Pollenquellen wichtig, damit die Bienen Reserven für den Winter anlegen können.

Die Pflege eines bienenfreundlichen Gartens erfordert ein Umdenken in Bezug auf Ordnung und Sauberkeit. Ein zu aufgeräumter Garten bietet wenig Lebensraum für Bienen und andere Insekten. Verblühte Pflanzen sollten nicht sofort entfernt werden, da sie oft noch Samen produzieren, die als Nahrung dienen. Laub und Pflanzenstängel können über den

Was macht einen Garten bienenfreundlich?

Winter stehen gelassen werden, da sie wichtige Überwinterungsplätze für viele Insekten bieten.

Schließlich ist die Vernetzung mit der Umgebung ein wichtiger Aspekt. Ein einzelner bienenfreundlicher Garten kann viel bewirken, aber seine Wirkung verstärkt sich, wenn er Teil eines größeren Netzwerks von naturnahen Flächen ist. Die Zusammenarbeit mit Nachbarn und die Schaffung von Korridoren zwischen bienenfreundlichen Bereichen können die Effektivität der Maßnahmen erheblich steigern.

Die richtige Pflanzenauswahl für die DACH-Region

Die Auswahl der richtigen Pflanzen ist entscheidend für einen bienenfreundlichen Garten in der DACH-Region. Bienen werden von bestimmten Pflanzenarten besonders angezogen, sei es aufgrund ihrer Blütenform, ihres Dufts oder der Qualität ihres Nektars und Pollens.

Eine der beliebtesten Pflanzenfamilien bei Bienen ist die der Lippenblütler (Lamiaceae). Zu dieser Familie gehören viele aromatische Kräuter, die nicht nur in der Küche Verwendung finden, sondern auch wahre Bienenmagneten sind. Der Lavendel (Lavandula angustifolia) ist ein hervorragendes Beispiel. Seine violetten Blüten produzieren reichlich Nektar und locken vom Frühsommer bis in den Herbst hinein zahlreiche Bienen an. Auch andere Mitglieder dieser Familie wie Salbei (Salvia officinalis), Thymian (Thymus vulgaris), Melisse (Melissa officinalis) und Katzenminze (Nepeta cataria) sind bei Bienen äußerst beliebt.

Korbblütler (Asteraceae) sind eine weitere Pflanzenfamilie, die Bienen magisch anzieht. Die Sonnenblume (Helianthus annuus) ist dabei ein Klassiker. Ihre großen Blütenköpfe bieten nicht nur reichlich Nektar und Pollen, sondern dienen auch als Landeplatz für die Insekten. Andere attraktive Korbblütler sind die Kornblume (Centaurea cyanus), die Ringelblume (Calendula officinalis) und verschiedene Astern-Arten (Aster spp.).

Schmetterlingsblütler (Fabaceae) sind ebenfalls wichtige Nahrungsquellen für Bienen. Der Rotklee (Trifolium pratense) ist besonders bei Hummeln beliebt, während die Luzerne (Medicago sativa) von verschiedenen Bienenarten besucht wird. Auch Wicken (Vicia spp.) und Platterbsen (Lathyrus spp.) sind attraktive Pflanzen für Bienen.

Im Frühjahr sind Weiden (Salix spp.) von unschätzbarem Wert für Bienen. Sie blühen oft schon im März und bieten damit eine der ersten

Die richtige Pflanzenauswahl für die DACH-Region

Nahrungsquellen nach dem Winter. Die Kätzchen der Weiden sind reich an Pollen und Nektar und werden von einer Vielzahl von Bienenarten besucht.

Obstbäume und -sträucher sind nicht nur für Menschen wertvoll, sondern auch für Bienen. Apfelbäume (Malus domestica), Kirschbäume (Prunus avium), Birnbäume (Pyrus communis) und Pflaumenbäume (Prunus domestica) bieten im Frühjahr eine üppige Blütenpracht, die Bienen anzieht. Auch Beerensträucher wie Himbeeren (Rubus idaeus) und Brombeeren (Rubus fruticosus) sind bei Bienen beliebt.

Kräuter spielen eine wichtige Rolle in einem bienenfreundlichen Garten. Neben den bereits erwähnten Lippenblütlern sind auch Borretsch (Borago officinalis), Dill (Anethum graveolens) und Fenchel (Foeniculum vulgare) bei Bienen sehr beliebt. Diese Kräuter haben den zusätzlichen Vorteil, dass sie auch in der Küche verwendet werden können.

Wildblumen sind oft besonders gut an die Bedürfnisse einheimischer Bienenarten angepasst. Die Wilde Möhre (Daucus carota), der Gewöhnliche Natternkopf (Echium vulgare) und die Wilde Karde (Dipsacus fullonum) sind nur einige Beispiele für Wildblumen, die Bienen anziehen.

Stauden bilden das Rückgrat vieler Gärten und können gleichzeitig hervorragende Bienenweiden sein. Der Gewöhnliche Wasserdost (Eupatorium cannabinum), die Fetthenne (Sedum telephium) und verschiedene Storchschnabel-Arten (Geranium spp.) blühen lange und werden von Bienen gerne besucht.

Auch einige Bäume sind wichtige Nahrungsquellen für Bienen. Die Linde (Tilia spp.) ist bekannt für ihre nektarreichen Blüten, die oft so

Die richtige Pflanzenauswahl für die DACH-Region

viele Bienen anlocken, dass man ihr Summen schon von Weitem hören kann. Auch der Ahorn (Acer spp.) und die Robinie (Robinia pseudoacacia) sind bei Bienen beliebt.

Für den Spätsommer und Herbst sind Pflanzen wichtig, die bis in den Oktober hinein blühen. Die Gewöhnliche Goldrute (Solidago virgaurea), der Gewöhnliche Efeu (Hedera helix) und die Herbstastern (Aster novi-belgii) bieten Bienen Nahrung, wenn viele andere Pflanzen bereits verblüht sind.

Bei der Auswahl bienenfreundlicher Pflanzen ist es wichtig, auf ungefüllte Blüten zu achten. Gefüllte Blüten mögen für das menschliche Auge attraktiv sein, bieten Bienen jedoch oft wenig oder keinen Nektar und Pollen. Einfache, offene Blütenformen sind für Bienen leichter zugänglich und daher vorzuziehen.

Wie bereits erwähnt, spielt die Farbe der Blüten ebenfalls eine Rolle bei der Attraktivität für Bienen. Bienen können Farben anders wahrnehmen als Menschen und werden besonders von Blau, Violett, Weiß und Gelb angezogen. Pflanzen mit Blüten in diesen Farben sind oft besonders beliebt bei Bienen.

Die richtige Pflanzenauswahl für die DACH-Region

Die DACH-Region, bietet eine Vielzahl von heimischen Pflanzenarten, die nicht nur optimal an die lokalen Bedingungen angepasst sind, sondern auch eine besondere Bedeutung für die einheimischen Bienenarten haben. Diese regionalen Pflanzen haben sich über Jahrtausende gemeinsam mit den lokalen Bestäubern entwickelt und bilden daher oft perfekte Symbiosen.

In Deutschland gedeihen viele Wildblumen besonders gut, die gleichzeitig hervorragende Nahrungsquellen für Bienen darstellen. Die Kornblume (Centaurea cyanus) ist ein bekanntes Beispiel. Mit ihren leuchtend blauen Blüten ist sie nicht nur ein Blickfang in jedem Garten, sondern auch bei Bienen äußerst beliebt. Sie blüht von Juni bis September und bietet damit über einen langen Zeitraum Nahrung. Ähnlich verhält es sich mit der Wiesen-Flockenblume (Centaurea jacea), die von Juli bis Oktober blüht und besonders von Hummeln frequentiert wird.

Die Wilde Karde (Dipsacus fullonum) ist eine weitere in Deutschland heimische Pflanze, die Bienen magisch anzieht. Ihre lilafarbenen Blütenköpfe bieten reichlich Nektar und Pollen. Zudem blüht sie relativ spät im Jahr, von Juli bis September, und stellt damit eine wichtige Nahrungsquelle für die Zeit dar, in der viele andere Pflanzen bereits verblüht sind.

In Österreich finden sich ebenfalls zahlreiche bienenfreundliche heimische Pflanzen. Der Wiesensalbei (Salvia pratensis) ist eine davon. Mit seinen violetten Blüten ist er nicht nur eine Augenweide, sondern auch bei Bienen sehr beliebt. Er blüht von Mai bis August und ist besonders für Hummeln und Wildbienen attraktiv. Die Gewöhnliche Schafgarbe (Achillea millefolium) ist eine weitere österreichische

Die richtige Pflanzenauswahl für die DACH-Region

Wildpflanze, die Bienen anzieht. Sie blüht von Juni bis Oktober und bietet damit über einen langen Zeitraum Nahrung.

In der Schweiz gedeiht der Gewöhnliche Natternkopf (Echium vulgare) besonders gut. Diese Pflanze mit ihren auffälligen blauen Blüten ist ein wahrer Bienenmagnet. Sie blüht von Juni bis September und wird von einer Vielzahl von Bienenarten besucht. Auch die Große Sterndolde (Astrantia major), die in den Schweizer Alpen heimisch ist, ist bei Bienen sehr beliebt. Ihre zarten, sternförmigen Blüten bieten reichlich Nektar und locken von Juni bis August viele Bestäuber an.

Eine Pflanze, die in der gesamten DACH-Region gut gedeiht und gleichzeitig von großer Bedeutung für Bienen ist, ist der Gewöhnliche Löwenzahn (Taraxacum officinale). Oft als Unkraut verkannt, ist der Löwenzahn tatsächlich eine der wichtigsten Nahrungsquellen für Bienen im Frühjahr. Seine gelben Blüten erscheinen oft schon im März und bieten damit eine der ersten Nahrungsquellen nach dem Winter. Der Löwenzahn ist besonders wertvoll, weil er sowohl Pollen als auch Nektar in großen Mengen produziert.

Eine weitere in der DACH-Region weit verbreitete und für Bienen bedeutsame Pflanze ist die Gewöhnliche Wegwarte (Cichorium intybus). Mit ihren hellblauen Blüten ist sie nicht nur ein Blickfang am Wegesrand, sondern auch eine wichtige Nahrungsquelle für viele Bienenarten. Sie blüht von Juli bis Oktober und bietet damit Nahrung in einer Zeit, in der viele andere Pflanzen bereits verblüht sind.

Der Gewöhnliche Hornklee (Lotus corniculatus) ist eine weitere Pflanze, die in der gesamten DACH-Region heimisch ist und von Bienen sehr geschätzt wird. Seine gelben, oft rötlich überlaufenen Blüten erscheinen

Die richtige Pflanzenauswahl für die DACH-Region

von Mai bis September und werden besonders gerne von Hummeln und Wildbienen besucht.

Die Gewöhnliche Pestwurz (Petasites hybridus) ist eine Pflanze, die in feuchten Gebieten der DACH-Region gut gedeiht. Sie blüht bereits im zeitigen Frühjahr, oft schon im März, und bietet damit eine der ersten Nahrungsquellen für Bienen nach dem Winter. Ihre Blüten sind besonders reich an Nektar und werden daher von vielen verschiedenen Bienenarten besucht.

Der Wiesen-Bärenklau (Heracleum sphondylium) ist eine weitere in der DACH-Region heimische Pflanze, die für Bienen von großer Bedeutung ist. Seine großen, weißen Doldenblüten bieten eine reiche Nektar- und Pollenquelle und werden von einer Vielzahl von Insekten, darunter viele Bienenarten, besucht. Er blüht von Juni bis September und ist damit über einen langen Zeitraum attraktiv für Bestäuber.

Die Gewöhnliche Akelei (Aquilegia vulgaris) ist eine Pflanze, die in schattigen Bereichen der DACH-Region gut gedeiht. Ihre komplexen, oft blauen oder violetten Blüten sind besonders bei langrüsseligen Hummeln beliebt. Sie blüht von Mai bis Juli und bietet damit eine wichtige Nahrungsquelle im Frühsommer.

Die Bedeutung dieser regionalen Pflanzen für Bienen kann nicht hoch genug eingeschätzt werden. Sie sind nicht nur optimal an die lokalen Bedingungen angepasst, sondern haben sich auch über lange Zeiträume gemeinsam mit den einheimischen Bienenarten entwickelt. Dies führt oft zu perfekten Anpassungen zwischen Pflanze und Bestäuber, was sowohl die Nahrungsaufnahme der Bienen als auch die Bestäubung der Pflanzen optimiert.

Strukturvielfalt im Garten schaffen

Strukturvielfalt im Garten zu schaffen, ist ein entscheidender Schritt, um einen wirklich bienenfreundlichen Lebensraum zu gestalten. Ein vielfältig strukturierter Garten bietet nicht nur Bienen, sondern auch anderen Insekten und Tieren optimale Lebensbedingungen. Die Experten sind sich einig: Je abwechslungsreicher ein Garten gestaltet ist, desto attraktiver ist er für die summenden Bestäuber.

Ein strukturreicher Garten zeichnet sich durch verschiedene Ebenen und Bereiche aus. Von bodennahen Pflanzen über Stauden und Sträucher bis hin zu Bäumen sollte jede Höhenstufe vertreten sein. Diese vertikale Vielfalt bietet Bienen unterschiedliche Flughöhen und Nistmöglichkeiten. Bodenbrüter wie die Sandbiene finden in offenen Bodenflächen ideale Bedingungen, während Hohlraumnister wie die Mauerbiene in Totholz oder Stängeln ihre Nester anlegen.

Um diese Strukturvielfalt zu erreichen, können Gartenbesitzer verschiedene Elemente integrieren:

Blumenwiese: Eine artenreiche Blumenwiese ist ein Paradies für Bienen. Sie bietet eine Vielzahl von Nektar- und Pollenquellen über einen langen Zeitraum. Wichtig ist, die Wiese nur ein- bis zweimal im Jahr zu mähen, um den Insekten kontinuierlich Nahrung und Lebensraum zu bieten.

Kräuterspirale: Diese platzsparende Konstruktion vereint verschiedene Mikroklimate auf engem Raum. Von sonnigen, trockenen Bereichen an der Spitze bis zu schattigen, feuchten Zonen am Fuß bietet sie ideale Bedingungen für eine Vielzahl von Kräutern und Wildpflanzen.

Totholzhaufen: Abgestorbene Äste und Stämme sind wahre Hotspots der Biodiversität. Sie dienen nicht nur als Nistplatz für Wildbienen, sondern bieten auch anderen Insekten und Kleintieren Unterschlupf.

Strukturvielfalt im Garten schaffen

Trockenmauer: Eine Trockenmauer aus Natursteinen schafft wertvolle Nischen für wärmeliebende Pflanzen und Tiere. In den Ritzen und Spalten finden Wildbienen ideale Nistplätze.

Wasserstelle: Ein flacher Teich oder eine Vogeltränke versorgt Bienen mit dem lebensnotwendigen Wasser. Wichtig ist, flache Uferzonen oder Landeplätze anzubieten, damit die Insekten gefahrlos trinken können.

Staudenbeet: Ein Beet mit verschiedenen heimischen Stauden bietet über die gesamte Saison hinweg Nahrung für Bienen. Dabei sollte auf eine Mischung aus früh-, mittel- und spätblühenden Arten geachtet werden.

Obstbäume und Beerensträucher: Obstgehölze sind nicht nur für Menschen wertvoll. Ihre Blüten im Frühjahr sind eine wichtige Nahrungsquelle für Bienen und andere Bestäuber.

Wildblumenecke: Ein Bereich mit einheimischen Wildblumen ergänzt das Nahrungsangebot und bietet speziell angepassten Wildbienenarten Lebensraum.

Sandarium: Eine sonnige Fläche mit lockerem Sand ist für bodennistende Wildbienen ein idealer Nistplatz.

Naturbelassene Ecken: Bereiche, die wenig gepflegt werden, in denen Laub liegen bleibt und Pflanzen vertrocknen dürfen, sind wichtige Rückzugsorte für Insekten.

Bei der Umsetzung dieser Elemente ist es wichtig, auf eine harmonische Gestaltung zu achten. Die verschiedenen Strukturen sollten so angeordnet werden, dass sie ineinander übergehen und ein zusammenhängendes Ökosystem bilden. Beispielsweise kann eine Trockenmauer an ein Staudenbeet angrenzen, das wiederum in eine Blumenwiese übergeht.

Strukturvielfalt im Garten schaffen

Die Pflanzenwahl spielt bei der Schaffung von Strukturvielfalt eine zentrale Rolle. Es sollten Pflanzen mit unterschiedlichen Wuchsformen, Blütentypen und Blütezeiten kombiniert werden. Hohe Stauden wie der Rote Fingerhut (Digitalis purpurea) können mit niedrigwüchsigen Bodendecker wie dem Kriechenden Günsel (Ajuga reptans) kombiniert werden. Kletterpflanzen wie die Wald-Geißblatt (Lonicera periclymenum) schaffen vertikale Strukturen und können Zäune oder Pergolen beranken.

Bei der Gestaltung sollte auch der jahreszeitliche Aspekt berücksichtigt werden. Ein bienenfreundlicher Garten bietet idealerweise vom Frühjahr bis in den Spätherbst hinein Nahrung und Lebensraum. Frühblüher wie Krokusse und Winterlinge sind ebenso wichtig wie spätblühende Arten wie Astern oder Fetthenne.

Die Pflege eines strukturreichen Gartens erfordert ein Umdenken. Statt auf perfekte Ordnung und akkurat geschnittene Rasenflächen zu setzen, gilt es, der Natur mehr Raum zu geben. Das bedeutet beispielsweise, Laubhaufen als Winterquartiere für Insekten liegen zu lassen oder abgeblühte Stauden erst im Frühjahr zurückzuschneiden.

Die Experten betonen, dass es nicht darum geht, den gesamten Garten auf einmal umzugestalten. Auch kleine Schritte können bereits einen großen Unterschied machen. So kann man beispielsweise damit beginnen, einen Teil des Rasens in eine Blumenwiese umzuwandeln oder eine Ecke des Gartens bewusst wild wachsen zu lassen.

Durch die Schaffung von Strukturvielfalt entsteht ein lebendiger Garten, der nicht nur Bienen, sondern auch anderen Tieren Lebensraum bietet. Ein solcher Garten ist ein aktiver Beitrag zum Naturschutz und zur Förderung der Biodiversität direkt vor der eigenen Haustür.

Pestizidfreie Gartenpflege

Der Verzicht auf chemische Pestizide ist ein Kernprinzip des bienenfreundlichen Gärtnerns. Viele Hobbygärtner greifen aus Unwissenheit oder Bequemlichkeit zu diesen Mitteln, ohne sich der weitreichenden Folgen bewusst zu sein. Doch es gibt zahlreiche effektive und naturfreundliche Alternativen, die Pflanzen schützen, ohne Bienen und andere nützliche Insekten zu gefährden.

Eine der wichtigsten Grundlagen für einen gesunden, pestizidfreien Garten ist die Förderung der natürlichen Bodenfruchtbarkeit. Ein lebendiger Boden mit einem hohen Anteil an organischem Material bildet die Basis für widerstandsfähige Pflanzen. Kompost ist hierbei das A und O. Gartenbesitzer können leicht selbst Kompost herstellen, indem sie Küchen- und Gartenabfälle sammeln und kompostieren. Der fertige Kompost wird im Frühjahr oder Herbst großzügig auf den Beeten verteilt. Er versorgt die Pflanzen nicht nur mit Nährstoffen, sondern verbessert auch die Bodenstruktur und fördert das Bodenleben.

Mulchen ist eine weitere effektive Methode, um den Boden zu schützen und seine Fruchtbarkeit zu erhalten. Eine Mulchschicht aus Rasenschnitt, Laub oder Holzhäckseln hält die Feuchtigkeit im Boden, unterdrückt Unkraut und bietet Lebensraum für nützliche Bodenorganismen. Beim Mulchen sollte darauf geachtet werden, dass die Schicht nicht zu dick aufgetragen wird und nicht direkt an die Pflanzenstängel heranreicht, um Fäulnis zu vermeiden.

Die Wahl der richtigen Pflanzen für den jeweiligen Standort ist entscheidend für einen gesunden Garten ohne Pestizide. Pflanzen, die an ihrem Standort optimal gedeihen, sind von Natur aus widerstandsfähiger gegen Schädlinge und Krankheiten. Gärtner sollten sich vor dem Kauf genau über die Ansprüche der Pflanzen informieren und diese mit den

Pestizidfreie Gartenpflege

Gegebenheiten im Garten abgleichen. Dabei spielen Faktoren wie Lichtverhältnisse, Bodenbeschaffenheit und Feuchtigkeit eine wichtige Rolle.

Mischkulturen sind ein bewährtes Mittel, um Schädlinge auf natürliche Weise fernzuhalten. Bestimmte Pflanzenkombinationen können sich gegenseitig vor Schädlingen schützen oder deren Ausbreitung verhindern. Ein klassisches Beispiel ist die Kombination von Tomaten und Tagetes. Die Tagetes geben Duftstoffe ab, die viele Schädlinge abschrecken. Andere bewährte Kombinationen sind Möhren mit Zwiebeln oder Kohl mit Kapuzinerkresse.

Nützlinge spielen eine zentrale Rolle in der pestizidfreien Gartenpflege. Marienkäfer, Florfliegen, Schlupfwespen und viele andere Insekten ernähren sich von Schädlingen und halten so deren Population auf natürliche Weise in Schach. Um diese nützlichen Helfer in den Garten zu locken, sollten Gärtner gezielt Pflanzen setzen, die Nützlinge anziehen. Dazu gehören beispielsweise Fenchel, Dill, Koriander oder Kornblumen. Auch das Aufstellen von Insektenhotels und das Belassen von naturbelassenen Ecken im Garten fördert die Ansiedlung von Nützlingen.

Bei akutem Schädlingsbefall können Gartenbesitzer auf verschiedene biologische Pflanzenschutzmittel zurückgreifen. Neem-Öl beispielsweise ist ein natürliches Insektizid, das gegen eine Vielzahl von Schädlingen wirkt, ohne Bienen zu gefährden. Es wird aus den Samen des Neem-Baums gewonnen und kann als Sprühlösung auf befallene Pflanzen aufgebracht werden. Wichtig ist, das Mittel am Abend anzuwenden, wenn Bienen nicht mehr aktiv sind.

Eine weitere effektive und kostengünstige Methode ist der Einsatz von Schmierseifenlösung. Sie wirkt gegen Blattläuse und andere weichhäutige Insekten. Zur Herstellung werden etwa 30 Gramm Schmierseife in einem Liter warmen Wasser aufgelöst. Die Lösung wird dann auf die befallenen Pflanzenteile gesprüht. Auch hier ist eine Anwendung am Abend ratsam.

Für den Gemüsegarten eignen sich feine Netze oder Vliese, um Kulturpflanzen vor Schädlingen zu schützen. Diese physischen Barrieren halten Kohlweißlinge, Möhrenfliegen und andere Schädlinge fern, ohne Bienen oder andere nützliche Insekten zu beeinträchtigen. Die Netze sollten gleich nach der Aussaat oder dem Auspflanzen angebracht und an den Rändern gut befestigt werden.

Regelmäßige Kontrolle und frühzeitiges Eingreifen sind Schlüssel zum Erfolg in der pestizidfreien Gartenpflege. Gärtner sollten ihre Pflanzen regelmäßig auf Anzeichen von Schädlingsbefall oder Krankheiten untersuchen. Oft reicht es, befallene Pflanzenteile frühzeitig zu entfernen, um eine Ausbreitung zu verhindern. Bei stärkerem Befall können befallene Pflanzen auch komplett entfernt werden, um den Rest des Gartens zu schützen.

Eine oft unterschätzte Methode zur Schädlingsbekämpfung ist das Absammeln von Hand. Besonders bei größeren Schädlingen wie Schnecken oder Kartoffelkäfern kann dies sehr effektiv sein. Am frühen Morgen oder in der Abenddämmerung sind viele Schädlinge aktiv und lassen sich leicht einsammeln. Diese Methode erfordert zwar etwas Zeit und Geduld, ist aber äußerst umweltfreundlich und kostenlos.

Auch die richtige Bewässerung spielt eine wichtige Rolle in der pestizidfreien Gartenpflege. Viele Pilzkrankheiten werden durch zu viel Feuchtigkeit begünstigt. Gärtner sollten daher darauf achten, Pflanzen möglichst bodennah zu gießen und das Laub trocken zu halten. Am besten wird morgens gegossen, damit die Pflanzen über den Tag abtrocknen können. In Trockenperioden ist es besser, seltener, dafür aber durchdringend zu gießen, um die Wurzeln zu einer tieferen Entwicklung anzuregen.

Der Umstieg auf eine pestizidfreie Gartenpflege erfordert anfangs etwas Umdenken und Geduld. Doch die Vorteile überwiegen bei weitem: Ein gesunder, lebendiger Garten, der summt und brummt, in dem Bienen und andere nützliche Insekten ein Zuhause finden, und in dem Obst und Gemüse ohne bedenkliche Rückstände gedeihen. Mit der Zeit stellt sich ein natürliches Gleichgewicht ein, und der Garten wird immer pflegeleichter. Gärtner, die den Schritt wagen, werden mit einem robusten, artenreichen Garten belohnt, der nicht nur schön anzusehen ist, sondern auch einen wertvollen Beitrag zum Naturschutz leistet.

Natürliche Feinde und wie man Bienen schützt

Neben den bereits erwähnten Bedrohungen für Bienen gibt es weitere natürliche Feinde, die Imker und Gartenbesitzer kennen sollten, um effektive Schutzmaßnahmen ergreifen zu können.

Ein häufiger Fressfeind von Bienen ist der Bienenfresser (Merops apiaster). Dieser farbenprächtige Vogel ernährt sich hauptsächlich von fliegenden Insekten, darunter auch Honigbienen. In der DACH-Region ist der Bienenfresser zwar selten, aber seine Population nimmt aufgrund des Klimawandels zu. Um Bienen vor dem Bienenfresser zu schützen, können Imker ihre Bienenstöcke in der Nähe von Bäumen oder Sträuchern aufstellen, die den Bienen schnellen Schutz bieten.

Wespen, insbesondere die Hornisse (Vespa crabro), können ebenfalls eine Bedrohung für Bienenvölker darstellen. Sie dringen in Bienenstöcke ein, um Honig zu stehlen oder Bienen als Nahrung für ihre Brut zu erbeuten. Um Bienenvölker vor Wespen zu schützen, können Imker die Fluglöcher der Bienenstöcke verkleinern, sodass Wespen nicht eindringen können. Zusätzlich können sie Wespenfallen in der Nähe der Bienenstöcke aufstellen, um die Wespen von den Bienen abzulenken.

Ein weiterer natürlicher Feind der Bienen ist die Asiatische Hornisse (Vespa velutina). Diese invasive Art wurde erstmals 2004 in Europa nachgewiesen und breitet sich seitdem aus. Die Asiatische Hornisse ist ein effizienter Jäger von Honigbienen und kann ganze Bienenvölker dezimieren. Um Bienen vor dieser Bedrohung zu schützen, ist es wichtig, Nester der Asiatischen Hornisse frühzeitig zu entdecken und zu entfernen. Imker und Gartenbesitzer sollten aufmerksam sein und verdächtige Nester den zuständigen Behörden melden.

Ameisen können ebenfalls zu einem Problem für Bienenvölker werden. Sie dringen in Bienenstöcke ein, um Honig zu stehlen oder sich dort anzusiedeln. Um Ameisen fernzuhalten, können Imker die Beine der Bienenstöcke in Wasserschalen stellen oder sie mit Klebstoff einstreichen. Auch das Aufstellen der Bienenstöcke auf einer glatten Oberfläche wie einer Steinplatte kann Ameisen den Zugang erschweren.

Spinnentiere wie die Krabbenspinne (Familie Thomisidae) lauern oft auf Blüten und fangen Bienen, die Nektar oder Pollen sammeln. Während es schwierig ist, Bienen direkt vor Spinnen zu schützen, können Gartenbesitzer indirekt helfen, indem sie eine Vielfalt an Blühpflanzen anbieten. So verteilen sich die Bienen besser und das Risiko, von Spinnen gefangen zu werden, sinkt.

Der Bienenlaus (Braula coeca) ist ein weiterer Parasit, der Bienenvölkern zusetzen kann. Dieser kleine, flügellose Käfer lebt auf Bienen und ernährt sich von Pollen und Nektar, den die Bienen sammeln. Obwohl Bienenläuse in der Regel kein ernsthaftes Problem darstellen, können sie bei starkem Befall die Leistungsfähigkeit eines Bienenvolkes beeinträchtigen. Regelmäßige Kontrollen der Bienenvölker und die Anwendung von organischen Säuren wie Ameisensäure können helfen, Bienenläuse in Schach zu halten.

Der Große Bienenwolf (Philanthus triangulum) ist eine Grabwespenart, die sich auf die Jagd von Honigbienen spezialisiert hat. Die Weibchen lähmen Bienen mit ihrem Gift und bringen sie in ihre unterirdischen Nester, um ihre Larven damit zu füttern. Um Bienen vor dem Bienenwolf zu schützen, können Imker ihre Bienenstöcke regelmäßig umstellen. Dies erschwert es den Bienenwölfen, die Flugrouten der Bienen zu erlernen.

Vögel wie Meisen, Spechte oder Fliegenschnäpper können gelegentlich Bienen erbeuten, insbesondere im Winter oder Frühjahr, wenn andere Nahrungsquellen knapp sind. Um Bienen vor Vögeln zu schützen, können Imker Schutzgitter vor den Fluglöchern der Bienenstöcke anbringen. Diese erlauben den Bienen den Durchgang, halten aber größere Vögel fern.

Der Kleine Beutenkäfer (Aethina tumida) ist ein Parasit, der ursprünglich aus Afrika stammt und sich in den letzten Jahren auch in Europa ausgebreitet hat. Die Käfer und ihre Larven ernähren sich von Honig, Pollen und Bienenbrut und können erhebliche Schäden in Bienenstöcken anrichten. Um Bienen vor dem Kleinen Beutenkäfer zu schützen, ist eine gute Bienenstockhygiene wichtig. Imker sollten regelmäßig die Böden der Bienenstöcke reinigen und überschüssige Waben entfernen, die potenzielle Brutstätten für die Käfer darstellen könnten.

Schließlich können auch bestimmte Pflanzen eine indirekte Bedrohung für Bienen darstellen. Der Riesen-Bärenklau (Heracleum mantegazzianum) beispielsweise produziert einen Saft, der bei Sonneneinstrahlung zu schweren Hautverbrennungen führen kann. Bienen, die diese Pflanze besuchen, können den Saft auf ihrem Körper in den Bienenstock tragen und so andere Bienen gefährden. Gartenbesitzer und Landwirte sollten solche potenziell gefährlichen Pflanzen entfernen oder zumindest eindämmen.

Um Bienen effektiv zu schützen, ist es wichtig, einen ganzheitlichen Ansatz zu verfolgen. Dies beinhaltet nicht nur den Schutz vor direkten Feinden, sondern auch die Schaffung einer bienenfreundlichen Umgebung. Gartenbesitzer können dazu beitragen, indem sie eine Vielfalt an nektar- und pollenreichen Pflanzen anbauen, die über die gesamte Saison hinweg blühen. Besonders wichtig sind dabei heimische Pflanzenarten, an die die Bienen angepasst sind.

Natürliche Feinde und wie man Bienen schützt

Die Bereitstellung von sauberem Wasser ist ebenfalls von großer Bedeutung. Flache Wasserstellen mit Landeplätzen, wie kleine Steine oder Schwimmer, ermöglichen es den Bienen, sicher zu trinken, ohne zu ertrinken.

Imker können ihre Bienenvölker durch regelmäßige Kontrollen und eine gute Bienenstockhygiene schützen. Dazu gehört das rechtzeitige Erkennen und Behandeln von Krankheiten und Parasiten sowie die Sicherstellung einer ausreichenden Nahrungsversorgung, besonders in Zeiten der Nahrungsknappheit.

Schließlich spielt auch die Aufklärung eine wichtige Rolle beim Bienenschutz. Je mehr Menschen über die Bedeutung von Bienen und die Bedrohungen, denen sie ausgesetzt sind, informiert sind, desto eher sind sie bereit, Maßnahmen zu ihrem Schutz zu ergreifen. Imker, Naturschutzorganisationen und Bildungseinrichtungen können hier einen wertvollen Beitrag leisten, indem sie Informationen verbreiten und praktische Workshops anbieten.

Kapitel 5: Gestaltungsideen für verschiedene Garten- und Balkonflächen

Ein großer Garten bietet zahlreiche Möglichkeiten, ein wahres Paradies für Bienen und andere Bestäuber zu schaffen. Mit der richtigen Planung und Gestaltung kann eine vielfältige und attraktive Umgebung entstehen, die Bienen das ganze Jahr über Nahrung und Lebensraum bietet.

Eine der effektivsten Methoden, einen großen Garten bienenfreundlich zu gestalten, ist die Anlage einer Blumenwiese. Diese kann einen beträchtlichen Teil der Gartenfläche einnehmen und sollte mit einer Mischung aus heimischen Wildblumen und Gräsern bepflanzt werden. Geeignete Arten für eine solche Wiese sind beispielsweise Margeriten, Kornblumen, Klatschmohn, Wiesensalbei, Glockenblumen und Schafgarbe. Diese Pflanzen bieten nicht nur Nektar und Pollen für Bienen, sondern schaffen auch ein ästhetisch ansprechendes Bild im Garten. Die Wiese sollte nur ein- bis zweimal im Jahr gemäht werden, um den Bienen ausreichend Nahrung und Nistmöglichkeiten zu bieten.

Ergänzend zur Blumenwiese können Staudenbeete angelegt werden, die über die gesamte Gartensaison hinweg blühen. Hier bietet sich eine Kombination aus früh-, mittel- und spätblühenden Arten an. Für den Frühling eignen sich beispielsweise Lungenkraut, Bergenie und Frühlings-Adonisröschen. Im Sommer locken Katzenminze, Skabiosen und Sonnenhut die Bienen an. Für den Spätsommer und Herbst sind Astern, Fetthenne und Herbstanemonen ideale Bienenweidepflanzen.

Ein Kräutergarten ist nicht nur für den Menschen nützlich, sondern auch für Bienen äußerst attraktiv. Thymian, Salbei, Lavendel, Oregano und Borretsch sind besonders beliebte Kräuter bei Bienen. Diese können in

Der große Garten – Ein Paradies für Bienen

einem separaten Beet oder entlang von Wegen gepflanzt werden. Die aromatischen Düfte der Kräuter ziehen nicht nur Bienen an, sondern bereichern auch den Garten sensorisch.

Obstbäume und Beerensträucher sind weitere wertvolle Elemente in einem bienenfreundlichen Garten. Apfel-, Birnen-, Kirsch- und Pflaumenbäume bieten im Frühjahr eine reiche Nektarquelle. Johannisbeeren, Himbeeren und Brombeeren blühen etwas später und verlängern so das Nahrungsangebot für Bienen. Diese Pflanzen haben den zusätzlichen Vorteil, dass sie auch für den menschlichen Verzehr geeignet sind und somit eine Win-Win-Situation schaffen.

Ein Teich oder eine Wasserstelle ist ein weiteres wichtiges Element in einem großen, bienenfreundlichen Garten. Bienen benötigen Wasser zum Trinken und zur Regulierung der Temperatur in ihrem Stock. Ein flacher Teichrand mit Steinen oder schwimmenden Pflanzen bietet sichere Landeplätze für die Insekten. Wasserpflanzen wie Seerosen oder Wasserlilien können zusätzliche Nahrungsquellen darstellen.

Totholzhaufen und Steinhaufen sind nicht nur ästhetisch interessante Gestaltungselemente, sondern bieten auch Nistmöglichkeiten für Wildbienen. Diese können an verschiedenen Stellen im Garten platziert werden, idealerweise in sonnigen, geschützten Bereichen. Alte Baumstämme, Äste und Steine können kunstvoll arrangiert werden und schaffen so Strukturen, die sowohl für Bienen als auch für andere nützliche Insekten attraktiv sind.

Eine Hecke aus heimischen Gehölzen kann als natürliche Grenze des Gartens dienen und gleichzeitig Lebensraum für Bienen und andere Tiere bieten. Geeignete Arten sind beispielsweise Weißdorn, Schlehe,

Holunder und Kornelkirsche. Diese blühen zu unterschiedlichen Zeiten und bieten so über einen langen Zeitraum Nahrung für Bienen.

In einem großen Garten ist auch Platz für einen Bereich mit Wildwuchs. Hier können Brennnesseln, Disteln und andere oft als "Unkraut" bezeichnete Pflanzen wachsen. Diese sind wichtige Nahrungsquellen für viele Schmetterlingsarten und ihre Raupen, die wiederum Nahrung für Vögel sind. Ein solcher Bereich fördert die Biodiversität im Garten und kann in einer weniger frequentierten Ecke angelegt werden.

Kletterpflanzen an Hauswänden, Pergolen oder Zäunen können ebenfalls zur Bienenfreundlichkeit beitragen. Wilder Wein, Clematis oder Geißblatt sind nicht nur attraktive Gestaltungselemente, sondern bieten auch Nektar für Bienen und andere Insekten.

Ein Sandarium ist eine weitere Möglichkeit, Wildbienen Nistmöglichkeiten zu bieten. Dabei handelt es sich um einen Bereich mit lockerem, sandigem Boden, der teilweise der Sonne ausgesetzt ist. Viele Wildbienenarten graben ihre Nester in solche Böden. Ein Sandarium kann als gestalterisches Element in den Garten integriert werden, beispielsweise als Teil eines Steingartens oder entlang eines Weges.

Schließlich sollte in einem großen, bienenfreundlichen Garten auch ein Insektenhotel nicht fehlen. Dieses kann selbst gebaut oder gekauft werden und sollte an einem sonnigen, regengeschützten Ort aufgestellt werden. Verschiedene Materialien wie Holzstücke mit Bohrlöchern, Schilfhalme und Stroh bieten unterschiedlichen Bienenarten geeignete Nistmöglichkeiten.

Bei der Gestaltung eines großen, bienenfreundlichen Gartens ist es wichtig, auf chemische Pflanzenschutzmittel zu verzichten. Stattdessen können natürliche Methoden zur Schädlingsbekämpfung angewendet

Der große Garten – Ein Paradies für Bienen

werden, wie beispielsweise die Förderung von Nützlingen oder der Einsatz von Pflanzenjauchen.

Die Kombination dieser verschiedenen Elemente schafft einen vielfältigen Lebensraum, der nicht nur Bienen, sondern auch viele andere Tiere anzieht. Ein solcher Garten ist nicht nur ökologisch wertvoll, sondern auch ästhetisch ansprechend und bietet dem Gartenbesitzer viele Möglichkeiten zur Naturbeobachtung und zum Genießen der Gartenvielfalt.

Der kleine Garten – Auch auf wenig Platz möglich

Während große Gärten viel Raum für umfangreiche Gestaltungsmöglichkeiten bieten, stehen Besitzer kleinerer Gärten vor der Herausforderung, auf begrenztem Platz ein bienenfreundliches Paradies zu schaffen. Doch auch auf wenigen Quadratmetern lässt sich eine Oase für Bienen und andere Bestäuber einrichten. Der Schlüssel liegt in der cleveren Nutzung des vorhandenen Raums und der Auswahl der richtigen Pflanzen.

Im Gegensatz zu großen Gärten, wo ausgedehnte Blumenwiesen und weitläufige Staudenbeete möglich sind, müssen Besitzer kleiner Gärten kreativer vorgehen. Statt einer großen Blumenwiese können sie beispielsweise mehrere kleine Blühinseln anlegen. Diese lassen sich geschickt in bestehende Beete integrieren oder als eigenständige Miniatur-Wildblumenwiesen gestalten. Wildblumenmischungen für kleine Flächen sind im Handel erhältlich und können leicht ausgesät werden.

Vertikales Gärtnern ist ein weiterer Trick, um die begrenzte Fläche optimal zu nutzen. Kletterpflanzen an Hauswänden, Zäunen oder speziellen Rankhilfen schaffen zusätzlichen Lebensraum für Bienen. Geeignete bienenfreundliche Kletterpflanzen sind etwa Clematis, Geißblatt oder Wilder Wein. Diese Pflanzen bieten nicht nur Nektar und Pollen, sondern tragen auch zur optischen Aufwertung des Gartens bei.

Multifunktionale Elemente sind in kleinen Gärten besonders wertvoll. Ein Hochbeet beispielsweise kann sowohl als Gemüsegarten als auch als Blühfläche für Bienen dienen. Indem man am Rand des Hochbeets bienenfreundliche Kräuter wie Thymian, Salbei oder Lavendel pflanzt, schafft man eine Symbiose zwischen Nutzpflanzen und Bienenweide.

Der kleine Garten – Auch auf wenig Platz möglich

Diese Kräuter locken nicht nur Bestäuber an, sondern können auch in der Küche verwendet werden.

In kleinen Gärten ist jeder Zentimeter kostbar. Daher bietet es sich an, auch Wege und Trittplatten zu begrünen. Zwischen den Platten können niedrig wachsende, trittfeste Pflanzen wie Thymian oder Sedum angesiedelt werden. Diese blühen nicht nur schön, sondern bieten auch Nektar für Bienen und andere Insekten.

Obstbäume, die in großen Gärten reichlich Platz finden, können in kleinen Gärten durch Spalierobst ersetzt werden. Äpfel, Birnen oder Kirschen lassen sich platzsparend an Hauswänden oder Zäunen ziehen. Ihre Blüten im Frühjahr sind eine wichtige Nahrungsquelle für Bienen.

Auch wenn der Platz für einen Teich fehlt, sollte man Bienen eine Wasserstelle anbieten. Eine flache Schale mit Steinen, auf denen die Insekten landen können, reicht völlig aus. Diese kann sogar auf einem Balkon oder einer Terrasse platziert werden.

In kleinen Gärten ist die Auswahl der richtigen Pflanzen besonders wichtig. Stauden, die lange blühen und viel Nektar produzieren, sind ideal. Katzenminze, Fetthenne oder Sonnenhut sind nicht nur bienenfreundlich, sondern auch pflegeleicht und platzsparend. Auch Zwiebelblumen wie Krokusse oder Schneeglöckchen können in kleinen Beeten oder sogar in Töpfen gepflanzt werden und bieten im Frühjahr eine wichtige erste Nahrungsquelle für Bienen.

Ein kleines Insektenhotel kann an einer sonnigen Hauswand oder einem Zaun angebracht werden. Es nimmt wenig Platz in Anspruch, bietet aber vielen Wildbienen und anderen nützlichen Insekten ein Zuhause. In Kombination mit bienenfreundlichen Pflanzen in der Nähe schafft es einen wertvollen Mikro-Lebensraum.

Der kleine Garten – Auch auf wenig Platz möglich

Balkonkästen und Kübel sind in kleinen Gärten besonders nützlich. Sie können flexibel platziert werden und ermöglichen es, die Bepflanzung je nach Saison zu variieren. Im Frühjahr können sie mit blühenden Zwiebelblumen bestückt werden, im Sommer mit Kräutern und im Herbst mit spätblühenden Stauden wie Astern.

Die Pflege eines kleinen, bienenfreundlichen Gartens erfordert oft weniger Zeit und Aufwand als die eines großen Gartens. Dennoch sollten auch hier einige Grundsätze beachtet werden. Der Verzicht auf chemische Pflanzenschutzmittel ist ebenso wichtig wie in großen Gärten. Stattdessen können natürliche Methoden zur Schädlingsbekämpfung angewendet werden, wie das Fördern von Nützlingen oder der Einsatz von Pflanzenjauchen.

Ein weiterer Vorteil kleiner Gärten ist, dass sie oft übersichtlicher sind. Dies ermöglicht eine genauere Beobachtung der Bienen und anderer Insekten. Gartenbesitzer können so aus nächster Nähe das Treiben der fleißigen Bestäuber verfolgen und mehr über ihre Verhaltensweisen lernen.

Auch wenn ein kleiner Garten nicht die Kapazität für große Strukturen wie Totholzhaufen oder ausgedehnte Wildwuchsbereiche hat, kann man dennoch Elemente davon integrieren. Ein kleiner Stapel Holz in einer Ecke oder ein ungemähter Bereich unter einem Strauch können bereits wertvolle Mikrohabitate für Insekten schaffen.

Letztendlich geht es bei der Gestaltung eines bienenfreundlichen Gartens, ob groß oder klein, darum, eine Vielfalt an Lebensräumen und Nahrungsquellen zu schaffen. Während große Gärten dies durch weitläufige Strukturen erreichen können, setzen kleine Gärten auf Miniaturisierung und clevere Raumnutzung. Beide Ansätze können gleichermaßen erfolgreich sein und einen wichtigen Beitrag zum Schutz der Bienen und anderer Bestäuber leisten.

Balkon und Terrasse – Kleiner Raum, große Wirkung

Während kleine Gärten bereits eine Herausforderung für bienenfreundliche Gestaltung darstellen, geht es auf Balkonen und Terrassen noch einen Schritt weiter. Diese urbanen Minioasen bieten oft noch weniger Platz als kleine Gärten, eröffnen aber dennoch faszinierende Möglichkeiten, einen Beitrag zum Bienenschutz zu leisten. Der Übergang vom Garten zum Balkon mag auf den ersten Blick groß erscheinen, doch viele der Prinzipien, die für kleine Gärten gelten, lassen sich auch hier anwenden – wenn auch in noch kompakterer Form.

Im Gegensatz zu Gärten, wo der Boden direkt zur Verfügung steht, arbeiten Balkon- und Terrassenbesitzer hauptsächlich mit Gefäßen. Töpfe, Kübel und Balkonkästen werden zu den wichtigsten Gestaltungselementen. Diese Begrenzung bietet jedoch auch Vorteile: Die Mobilität der Gefäße erlaubt es, die Bepflanzung flexibel an die Bedürfnisse der Bienen und die sich ändernden Jahreszeiten anzupassen.

Ein wesentlicher Unterschied zu Gärten liegt in der vertikalen Nutzung des Raums. Während in kleinen Gärten vertikales Gärtnern eine Option ist, wird es auf Balkonen und Terrassen zur Notwendigkeit. Rankgitter, Wandbegrünungen und hängende Gärten ermöglichen es, die begrenzte Grundfläche optimal zu nutzen und gleichzeitig eine Vielzahl von Blühpflanzen unterzubringen.

Die Pflanzenauswahl für Balkone und Terrassen muss noch gezielter erfolgen als in Gärten. Jede Pflanze sollte möglichst mehrere Funktionen erfüllen: Sie sollte nicht nur bienenfreundlich sein, sondern auch robust genug, um mit den oft extremeren Bedingungen auf Balkonen (Wind, Hitze, begrenzte Wurzelräume) zurechtzukommen. Zudem sollten die Pflanzen kompakt wachsen und idealerweise über eine lange Zeit blühen.

Balkon und Terrasse – Kleiner Raum, große Wirkung

Kräuter eignen sich besonders gut für Balkone und Terrassen. Sie sind nicht nur bei Bienen beliebt, sondern bieten auch einen Mehrwert für die Küche. Thymian, Oregano, Salbei und Minze gedeihen gut in Töpfen und locken mit ihren Blüten zahlreiche Bestäuber an. Lavendel ist ein weiterer Favorit, der nicht nur wunderbar duftet, sondern auch mit wenig Wasser auskommt – ein wichtiger Aspekt bei der oft aufwendigeren Bewässerung von Balkonpflanzen.

Für Balkonkästen eignen sich besonders gut niedrig wachsende, langblühende Pflanzen wie Steinkraut, Männertreu oder Verbenen. Diese bilden dichte Blütenteppiche und bieten Bienen über Monate hinweg Nahrung. In größeren Kübeln können auch kleinwüchsige Stauden wie Katzenminze, Fetthenne oder kompakte Sonnenhutarten gepflanzt werden.

Ein cleverer Trick für Balkone und Terrassen ist die Nutzung von Kletterpflanzen. Während in Gärten oft Platz für großwüchsige Kletterer wie Clematis oder Wilder Wein ist, eignen sich für Balkone eher kompaktere Varianten. Kapuzinerkresse oder Schwarzäugige Susanne sind nicht nur bei Bienen beliebt, sondern wachsen auch schnell und lassen sich gut in Balkonkästen oder Ampeln ziehen.

Die Wasserversorgung stellt auf Balkonen und Terrassen eine besondere Herausforderung dar. Anders als in Gärten, wo Pflanzen ihre Wurzeln tief in den Boden strecken können, sind Balkonpflanzen auf regelmäßige Bewässerung angewiesen. Gleichzeitig benötigen auch die Bienen eine Wasserstelle. Eine Lösung können Gefäße mit integriertem Wasserspeicher sein, die sowohl den Pflanzen als auch den Insekten zugute kommen. Eine flache Schale mit Steinen oder Korkstücken, auf denen die Bienen landen können, erfüllt denselben Zweck und lässt sich leicht in jede Balkongestaltung integrieren.

Ein weiterer Aspekt, der Balkone und Terrassen von Gärten unterscheidet, ist die oft intensivere Nutzung durch die Bewohner. Während ein Garten häufig als separater Bereich wahrgenommen wird, sind Balkone und Terrassen oft direkte Erweiterungen des Wohnraums. Dies erfordert eine durchdachte Planung, um sowohl den Bedürfnissen der Menschen als auch denen der Bienen gerecht zu werden. Eine Lösung kann die Schaffung von "Insektenzonen" sein – Bereiche, die speziell für Bienen und andere Bestäuber gestaltet sind und etwas abseits der Sitzgelegenheiten liegen.

Nisthilfen für Wildbienen lassen sich auf Balkonen und Terrassen besonders gut integrieren. Kleine Insektenhotels können an Wänden oder Geländern angebracht werden und nehmen kaum Platz weg. In Kombination mit den richtigen Pflanzen in unmittelbarer Nähe schaffen sie wertvolle Mikrohabitate für solitär lebende Bienenarten.

Die Bodenbeschaffenheit, die in Gärten eine wichtige Rolle spielt, tritt auf Balkonen und Terrassen in den Hintergrund. Stattdessen gewinnt die Auswahl des richtigen Substrats an Bedeutung. Spezielle Balkonerde, die leicht und nährstoffreich ist, eignet sich besonders gut. Sie kann mit Sand oder Blähton gemischt werden, um die Drainage zu verbessern und das Gewicht zu reduzieren – ein wichtiger Aspekt, besonders bei älteren Balkonen mit begrenzter Tragfähigkeit.

Ein oft unterschätzter Vorteil von Balkonen und Terrassen ist ihre Höhe. Viele Bienen- und Insektenarten fliegen bevorzugt in bestimmten Höhen. Balkone in oberen Stockwerken können daher Arten anziehen, die in bodennahen Gärten seltener anzutreffen sind. Dies unterstreicht die

Balkon und Terrasse – Kleiner Raum, große Wirkung

Bedeutung von Balkongärten als wichtige Trittsteine in urbanen Ökosystemen.

Die Pflege eines bienenfreundlichen Balkons oder einer Terrasse erfordert oft mehr Aufmerksamkeit als die eines Gartens. Die begrenzten Bodenvolumina in Töpfen und Kübeln bedeuten, dass Pflanzen schneller austrocknen und häufiger gedüngt werden müssen. Hier ist es besonders wichtig, auf organische Düngemittel zurückzugreifen und chemische Pestizide zu vermeiden, um die Bienen nicht zu gefährden.

Trotz der Herausforderungen bieten Balkone und Terrassen einzigartige Möglichkeiten, Bienen und andere Bestäuber zu unterstützen. Sie können als Miniaturoasen in der Stadt fungieren und wichtige Verbindungen zwischen größeren Grünflächen schaffen. Mit der richtigen Planung und Pflege können selbst die kleinsten Balkone zu wertvollen Beiträgen für die urbane Biodiversität werden und gleichzeitig ihren Besitzern ein blühendes, summendes Naturerlebnis direkt vor der Haustür bieten.

Vertikale Gärten und begrünte Wände

Vertikale Gärten und begrünte Wände bieten eine innovative Lösung für Gartenbesitzer und Stadtbewohner, die den verfügbaren Raum optimal nutzen möchten. Diese Gestaltungsform ermöglicht es, auch auf kleinstem Raum eine Vielzahl von Pflanzen anzubauen und gleichzeitig einen wertvollen Lebensraum für Bienen und andere Bestäuber zu schaffen.

Eine der einfachsten Methoden, um vertikale Flächen zu begrünen, ist die Verwendung von Rankgittern. Diese können an Wänden, Zäunen oder freistehend im Garten angebracht werden. Kletterpflanzen wie Clematis, Geißblatt oder Wicken eignen sich hervorragend für diese Art der Begrünung. Sie bieten nicht nur einen schönen Anblick, sondern auch reichlich Nektar für Bienen. Besonders effektiv ist die Kombination verschiedener Kletterpflanzen mit unterschiedlichen Blütezeiten, um über einen längeren Zeitraum Nahrung für Bestäuber bereitzustellen.

Für diejenigen, die etwas Kreativität in ihre vertikale Begrünung bringen möchten, bieten sich Palettengärten an. Alte Holzpaletten können leicht in vertikale Gärten umgewandelt werden. Die Zwischenräume der Palette werden mit Erde gefüllt und bepflanzt. Kräuter wie Thymian, Oregano und Salbei gedeihen besonders gut in solchen Konstruktionen und locken mit ihren Blüten zahlreiche Bienen an. Auch niedrig wachsende Stauden wie Steinbrech oder Sedum lassen sich gut in Palettengärten integrieren.

Eine weitere innovative Idee sind Taschen- oder Pocketgärten. Hierbei handelt es sich um spezielle Systeme aus robusten Stofftaschen, die an der Wand befestigt werden. Jede Tasche kann mit Erde gefüllt und bepflanzt werden. Diese Methode eignet sich besonders gut für Balkone oder kleine Terrassen. Bienenfreundliche Pflanzen wie Lavendel,

Vertikale Gärten und begrünte Wände

Katzenminze oder Verbenen lassen sich hervorragend in solchen Taschengärten kultivieren.

Für diejenigen, die es etwas natürlicher mögen, bieten sich lebende Wände an. Diese bestehen aus einem Gerüst, das mit Moos oder anderen bodendeckenden Pflanzen bewachsen ist. In dieses "lebende" Substrat können dann weitere Pflanzen eingesetzt werden. Farne, kleine Gräser und sogar einige Blühpflanzen wie Glockenblumen oder Waldmeister gedeihen gut in solchen Systemen. Obwohl nicht alle diese Pflanzen direkt bienenfreundlich sind, tragen sie zur Schaffung eines vielfältigen Mikroklimas bei, das indirekt auch Bestäubern zugutekommt.

Eine besonders platzsparende Variante der vertikalen Begrünung sind Flaschenturm-Gärten. Hierbei werden leere Plastikflaschen horizontal übereinander gestapelt und an einer Wand oder einem Gestell befestigt. In die Öffnungen der Flaschen werden Pflanzen eingesetzt. Diese Methode eignet sich hervorragend für Kräuter und kleine Blühpflanzen wie Lobelien oder Männertreu. Neben dem ästhetischen Aspekt und dem Nutzen für Bienen hat diese Methode auch einen Recycling-Effekt.

Für größere Flächen oder öffentliche Räume bieten sich modulare Grünwandsysteme an. Diese bestehen aus vorgefertigten Elementen, die mit Substrat gefüllt und bepflanzt werden können. Solche Systeme ermöglichen die Begrünung großer vertikaler Flächen und können eine beeindruckende Vielfalt an Pflanzen beherbergen. Von Gräsern über Stauden bis hin zu kleinen Sträuchern lässt sich hier eine abwechslungsreiche Pflanzenwelt schaffen, die Bienen und anderen Insekten ein reichhaltiges Nahrungsangebot bietet.

Eine besonders kreative Idee für kleine Räume sind hängende Gärten aus alten Regenrinnen. Diese können horizontal an einer Wand befestigt und mit Erde gefüllt werden. Niedrig wachsende Pflanzen wie Erdbeeren, Thymian oder Steinkraut gedeihen hier gut und bieten Bienen eine unerwartete Nahrungsquelle in der Höhe.

Für diejenigen, die es etwas rustikaler mögen, bieten sich Stecksysteme aus Holz an. Diese bestehen aus einem Rahmen, in den Holzbretter in verschiedenen Winkeln eingesteckt werden können. In die so entstehenden Zwischenräume können Pflanzen eingesetzt werden. Diese Methode eignet sich besonders gut für sukkulente Pflanzen wie Hauswurz oder Fetthenne, die mit ihren Blüten Bienen anlocken.

Eine weitere innovative Idee sind vertikale Hydroponik-Systeme. Hierbei werden die Pflanzen in einem nährstoffreichen Wassersystem kultiviert, ohne dass Erde benötigt wird. Obwohl nicht alle Pflanzen für diese Methode geeignet sind, können einige bienenfreundliche Kräuter und Blühpflanzen wie Basilikum oder Lobelien erfolgreich in solchen Systemen gezogen werden.

Für diejenigen, die es naturnah mögen, bieten sich Totholzwände an. Hierbei werden Äste und Zweige zu einer Wand geschichtet, in deren Zwischenräumen sich Erde ansammeln kann. In dieser Erde können sich dann natürlich Pflanzen ansiedeln oder gezielt bienenfreundliche Arten wie Wildblumen eingesät werden. Solche Totholzwände bieten nicht nur Nahrung für Bienen, sondern auch Nistmöglichkeiten für verschiedene Insektenarten.

Eine besonders ästhetische Variante der vertikalen Begrünung sind Bilderrahmen-Gärten. Hierbei werden alte Bilderrahmen mit einem Drahtgeflecht bespannt, mit Moos ausgelegt und bepflanzt. Kleine Sukkulenten, Moose und niedrig wachsende Blühpflanzen wie

Vertikale Gärten und begrünte Wände

Steinbrech lassen sich gut in solchen Rahmen kultivieren und schaffen lebende Kunstwerke, die gleichzeitig Bienen anlocken.

Für größere Flächen oder als Sichtschutz eignen sich begrünte Gabionen. Diese mit Steinen gefüllten Drahtkörbe können mit Erde bedeckt und bepflanzt werden. Trockenheitsresistente und bienenfreundliche Pflanzen wie Lavendel, Thymian oder Sedum gedeihen besonders gut auf solchen Strukturen.

Wasserquellen für Bienen im Garten

Wasser ist für Bienen ebenso lebenswichtig wie für Menschen. In einem bienenfreundlichen Garten sollten daher nicht nur Nahrungsquellen, sondern auch geeignete Wasserstellen vorhanden sein. Die kleinen Insekten benötigen Wasser nicht nur zum Trinken, sondern auch zur Regulierung der Temperatur in ihrem Stock und zur Herstellung von Futtersaft für ihre Brut.

Viele Gartenbesitzer unterschätzen oft die Bedeutung von Wasserquellen für Bienen. Dabei können schon kleine Maßnahmen einen großen Unterschied machen. Eine der einfachsten Möglichkeiten, Bienen mit Wasser zu versorgen, ist das Aufstellen einer flachen Schale. Diese kann aus Ton, Keramik oder sogar aus einem umgedrehten Blumentopfuntersetzer bestehen. Wichtig ist, dass die Schale nicht zu tief ist, da Bienen sonst ertrinken könnten. Um den Insekten sichere Landeplätze zu bieten, können Kieselsteine, Murmeln oder kleine Holzstücke in die Schale gelegt werden. Diese ragen aus dem Wasser heraus und bieten den Bienen Halt beim Trinken.

Für diejenigen, die es etwas natürlicher mögen, bietet sich die Integration von Pfützensteinen an. Dabei handelt es sich um flache Steine mit einer leichten Mulde, in der sich Regenwasser sammeln kann. Diese Steine können unauffällig in bestehende Beete oder Rasenflächen integriert werden und bilden natürliche Trinkstellen für Bienen und andere Insekten. Die raue Oberfläche der Steine bietet den Tieren zusätzlichen Halt.

Eine weitere kreative Idee ist die Nutzung von Bambusstäben als Wasserspender. Hierfür werden dicke Bambusstäbe der Länge nach halbiert und an den Enden verschlossen. Diese "Rinnen" können dann leicht geneigt aufgestellt und mit Wasser gefüllt werden. Das Wasser fließt langsam die Rinne hinab und bildet dabei kleine Pfützen, aus denen die Bienen trinken können. Diese Methode hat den Vorteil, dass sie sehr platzsparend ist und sich gut in vertikale Gärten integrieren lässt.

Für größere Gärten eignet sich die Anlage eines Feuchtbiotops oder eines kleinen Teiches. Dabei ist es wichtig, flache Uferzonen zu gestalten, an denen die Bienen gefahrlos trinken können. Wasserpflanzen wie Seerosen oder Schwertlilien bieten zusätzliche Landemöglichkeiten. Ein solches Biotop zieht nicht nur Bienen an, sondern fördert auch die Artenvielfalt im Garten insgesamt.

Eine besonders dekorative Variante sind Vogeltränken, die gleichzeitig als Bienentränken dienen können. Hierbei sollte man darauf achten, dass die Tränke nicht zu tief ist und genügend Landeplätze für die Insekten bietet. Kleine Zweige oder Steine, die aus dem Wasser ragen, erfüllen diesen Zweck hervorragend. Solche Tränken können aus verschiedenen Materialien wie Stein, Keramik oder Metall gefertigt sein und bilden oft einen attraktiven Blickfang im Garten.

Für Balkongärtner bietet sich die Nutzung von Bewässerungskugeln an. Diese Glaskugeln, die eigentlich zur automatischen Bewässerung von Topfpflanzen gedacht sind, können auch als Bienentränken zweckentfremdet werden. Dazu wird die Kugel mit Wasser gefüllt und mit der Öffnung nach unten in eine flache Schale gestellt. Das Wasser fließt nur langsam aus und bildet so eine konstante, flache Wasserfläche, aus der die Bienen gefahrlos trinken können.

Eine weitere Möglichkeit, Wasserquellen in den Garten zu integrieren, sind Tropfsteine. Diese können selbst hergestellt werden, indem man einen porösen Stein oder einen Ziegelstein an einer Schnur aufhängt und das obere Ende in ein mit Wasser gefülltes Gefäß taucht. Das Wasser sickert langsam durch den Stein und tropft am unteren Ende ab. Unter dem Tropfstein kann eine flache Schale oder ein Untersetzer platziert werden, in dem sich das Wasser sammelt und den Bienen als Trinkstelle dient.

Für diejenigen, die es gerne etwas ausgefallener mögen, bieten sich Wasserwände an. Diese vertikalen Wasserspiele lassen sich gut in kleine Gärten oder auf Terrassen integrieren. Das Wasser fließt dabei über eine strukturierte Oberfläche nach unten und wird in einem Auffangbecken gesammelt. An den feuchten Stellen der Wasserwand können Bienen und andere Insekten trinken. Zusätzlich sorgt das plätschernde Wasser für eine angenehme Atmosphäre im Garten.

Eine besonders naturnahe Variante sind Quellsteine. Dabei handelt es sich um größere Steine oder Felsbrocken, die in der Mitte ausgehöhlt sind. In diese Höhlung wird eine kleine Pumpe eingesetzt, die das Wasser nach oben befördert, von wo es dann über die Oberfläche des Steins zurück in ein Auffangbecken fließt. Die feuchte Oberfläche des Steins bietet Bienen ideale Trinkmöglichkeiten.

Für Gärten mit wenig Platz eignen sich hängende Wasserschalen. Diese können an Bäumen, Pergolen oder Balkongeländern befestigt werden und bieten so eine platzsparende Lösung. Wichtig ist auch hier, dass die Schalen nicht zu tief sind und Landehilfen für die Insekten bieten.

Eine weitere kreative Idee sind Gießkannen-Tränken. Hierbei wird eine alte Gießkanne so aufgestellt, dass aus der Tülle ein dünner Wasserstrahl in eine darunter platzierte flache Schale tropft. Diese Methode hat den Vorteil, dass das Wasser in Bewegung bleibt und nicht so schnell verschmutzt oder von Algen befallen wird.

Wasserquellen für Bienen im Garten

Für diejenigen, die gerne basteln, bieten sich selbstgemachte Schwimminseln an. Diese können aus Korkscheiben oder wasserfestem Holz hergestellt werden. In die Scheiben werden kleine Vertiefungen gebohrt, die sich mit Wasser füllen. Die Schwimminsel wird dann in einen Teich oder eine größere Wasserschale gesetzt und bietet den Bienen sichere Landeplätze zum Trinken.

Bei all diesen Ideen ist es wichtig, das Wasser regelmäßig zu wechseln und die Tränken sauber zu halten, um die Ausbreitung von Krankheiten zu verhindern. Außerdem sollte man darauf achten, dass die Wasserquellen nicht in der prallen Sonne stehen, da das Wasser sonst zu schnell verdunstet.

Kapitel 6: Praktische Anleitungen für den bienenfreundlichen Garten

Im Herzen eines jeden bienenfreundlichen Gartens liegt ein farbenfrohes Wildblumenbeet. Es ist nicht nur ein Blickfang für Menschen, sondern auch ein wahres Paradies für Bienen und andere Bestäuber. Die Anlage eines solchen Beetes ist einfacher, als viele denken, und mit der richtigen Anleitung kann jeder Gartenbesitzer ein Stück Natur in seinen Garten holen.

Der erste Schritt bei der Anlage eines Wildblumenbeetes ist die Wahl des richtigen Standortes. Die meisten Wildblumen bevorzugen einen sonnigen bis halbschattigen Platz. Ein Bereich, der mindestens sechs Stunden direktes Sonnenlicht am Tag erhält, ist ideal. Der Boden sollte möglichst nährstoffarm sein, denn viele Wildblumen gedeihen am besten auf mageren Böden.

Nachdem der perfekte Ort gefunden ist, geht es an die Vorbereitung des Bodens. Dies ist ein entscheidender Schritt für den Erfolg des Wildblumenbeetes. Zunächst muss die vorhandene Vegetation entfernt werden. Dies kann durch Umgraben oder, bei größeren Flächen, durch Abfräsen geschehen. Wichtig ist, dass alle Wurzeln und Rhizome entfernt werden, um eine Konkurrenz mit den neu ausgesäten Wildblumen zu vermeiden.

Nach dem Entfernen der alten Vegetation wird der Boden gelockert. Dies geschieht am besten mit einer Grabegabel oder einem Kultivator. Der Boden sollte bis zu einer Tiefe von etwa 15-20 cm bearbeitet werden. Dabei werden gleichzeitig Steine und Wurzelreste entfernt.

Ein Wildblumenbeet anlegen

Wenn der Boden zu nährstoffreich ist, was in vielen Gärten der Fall ist, kann er mit Sand oder Kies abgemagert werden. Eine Mischung aus zwei Teilen vorhandenem Boden und einem Teil Sand oder feinem Kies ist in der Regel ausreichend. Diese Mischung wird gründlich in den Boden eingearbeitet.

Nun ist es an der Zeit, die Fläche zu ebnen. Mit einem Rechen wird die Oberfläche geglättet, wobei darauf geachtet werden sollte, dass keine tiefen Furchen oder Erhebungen zurückbleiben. Eine ebene Fläche erleichtert die gleichmäßige Aussaat und sorgt dafür, dass sich das Regenwasser später gleichmäßig verteilt.

Die Wahl des richtigen Saatguts ist entscheidend für den Erfolg des Wildblumenbeetes. Es empfiehlt sich, eine Samenmischung zu wählen, die speziell für die Region und den Bodentyp geeignet ist. Viele Saatguthändler bieten spezielle Bienenweidemischungen an, die eine Vielzahl nektarreicher Blumen enthalten. Es ist wichtig, darauf zu achten, dass die Mischung ausschließlich heimische Arten enthält, da diese optimal an die lokalen Bedingungen angepasst sind und den einheimischen Insekten den größten Nutzen bringen.

Für die Aussaat wählt man am besten einen windstillen Tag. Die Samen werden gleichmäßig über die vorbereitete Fläche ausgestreut. Da viele Wildblumensamen sehr fein sind, kann es hilfreich sein, sie mit Sand zu vermischen. Dies erleichtert eine gleichmäßige Verteilung und verhindert, dass zu viele Samen auf einer Stelle landen. Als Faustregel gilt: Ein Teil Samen wird mit vier Teilen Sand vermischt.

Nach dem Aussäen werden die Samen leicht in den Boden eingearbeitet. Dies geschieht am besten mit einem Rechen, wobei nur leicht über die Oberfläche gestrichen wird. Die Samen sollten nicht tiefer als einen

Ein Wildblumenbeet anlegen

halben Zentimeter in den Boden gelangen, da viele Wildblumensamen Lichtkeimer sind.

Anschließend wird die Fläche vorsichtig angedrückt. Dies kann mit einem Brett oder einer leichten Walze geschehen. Dieser Schritt ist wichtig, um einen guten Kontakt zwischen den Samen und dem Boden herzustellen.

Nun folgt das Wässern. Die frisch eingesäte Fläche sollte gründlich, aber vorsichtig bewässert werden. Am besten verwendet man dafür einen feinen Sprühkopf, um zu verhindern, dass die Samen weggespült werden. In den folgenden Wochen ist es wichtig, den Boden feucht zu halten. Besonders in trockenen Perioden sollte regelmäßig gegossen werden, bis die Pflanzen gut etabliert sind.

Die Keimzeit variiert je nach Pflanzenart und kann zwischen einer Woche und mehreren Monaten liegen. In dieser Zeit ist Geduld gefragt. Es ist wichtig, die Fläche in dieser Phase nicht zu betreten, um die keimenden Pflanzen nicht zu beschädigen.

Sobald die ersten Pflanzen sichtbar werden, beginnt die Pflegephase. In den ersten Wochen nach der Keimung ist es wichtig, unerwünschte Wildkräuter zu entfernen. Dies geschieht am besten von Hand, um die jungen Wildblumen nicht zu beschädigen. Es ist normal, dass nicht alle ausgesäten Arten im ersten Jahr zur Blüte kommen. Viele Wildblumen benötigen eine Vegetationsperiode, um sich zu etablieren, und blühen erst im zweiten Jahr.

Um das Wildblumenbeet langfristig zu erhalten, ist eine jährliche Mahd wichtig. Diese sollte im Spätsommer oder Frühherbst erfolgen, nachdem die meisten Pflanzen ihre Samen ausgestreut haben. Das Mähgut wird einige Tage liegen gelassen, damit die restlichen Samen ausfallen

Ein Wildblumenbeet anlegen

können, und dann entfernt. Dies verhindert eine Überdüngung des Bodens und erhält die mageren Bedingungen, die viele Wildblumen bevorzugen.

Mit der Zeit wird sich das Wildblumenbeet zu einem blühenden Paradies für Bienen und andere Insekten entwickeln. Es bietet nicht nur Nahrung für Bestäuber, sondern auch einen farbenfrohen Anblick, der jeden Garten bereichert. Die Vielfalt der Blüten und Formen, die sich im Laufe der Jahreszeiten verändert, macht jedes Wildblumenbeet zu einem einzigartigen und dynamischen Element im Garten.

Bienenhotel selbst bauen

Der Bau eines Bienenhotels ist ein faszinierendes Projekt, das nicht nur Wildbienen und anderen Insekten einen wertvollen Lebensraum bietet, sondern auch eine wunderbare Möglichkeit darstellt, die Natur aus nächster Nähe zu beobachten. Mit ein wenig Geschick und den richtigen Materialien kann jeder Gartenbesitzer ein solches Hotel selbst herstellen.

Für den Bau eines einfachen Bienenhotels benötigt man folgende Materialien:

Ein Holzrahmen (etwa 30 x 30 x 15 cm)

Hartholzblöcke (z.B. Buche, Eiche oder Esche)

Hohle Pflanzenstängel (z.B. Schilf, Bambus oder Holunder)

Lehm oder Ton

Stroh oder Heu

Eine Bohrmaschine mit verschiedenen Bohrergrößen (2-10 mm)

Schleifpapier

Wetterfeste Farbe oder Holzlasur

Draht zum Aufhängen

Der erste Schritt besteht darin, den Holzrahmen vorzubereiten. Wenn man keinen fertigen Rahmen hat, kann man ihn leicht aus Brettern selbst zusammenbauen. Es ist wichtig, dass das Holz unbehandelt ist, da chemische Zusätze die Bienen abschrecken könnten. Der Rahmen sollte eine Rückwand haben, aber an der Vorderseite offen sein. Um das Hotel vor Regen zu schützen, kann man ein kleines Dach anbringen, das etwa 5 cm über die Vorderseite hinausragt.

Nachdem der Rahmen fertig ist, wird er mit wetterfester Farbe oder Holzlasur behandelt. Dies schützt das Holz vor Witterungseinflüssen und verlängert die Lebensdauer des Hotels. Es ist wichtig, das Holz nach dem

Streichen gut trocknen zu lassen, bevor man mit dem nächsten Schritt beginnt.

Nun geht es an das Vorbereiten der Nisthilfen. Für die Hartholzblöcke bohrt man Löcher mit verschiedenen Durchmessern zwischen 2 und 10 mm. Die Tiefe der Löcher sollte etwa 5-10 cm betragen, je nach Länge des Bohrers. Es ist wichtig, dass die Löcher nicht durch den gesamten Block gehen. Nach dem Bohren müssen die Löcher sorgfältig mit Schleifpapier geglättet werden, um Splitter zu entfernen, die die zarten Flügel der Bienen verletzen könnten.

Die hohlen Pflanzenstängel werden auf eine Länge von etwa 10-15 cm zugeschnitten. Dabei ist es wichtig, dass mindestens eine Seite des Stängels durch einen natürlichen Knoten verschlossen ist. Ist dies nicht der Fall, kann man ein Ende mit Lehm verschließen. Die Stängel sollten einen Innendurchmesser zwischen 2 und 9 mm haben, um verschiedenen Bienenarten gerecht zu werden.

Für die Lehmfüllung mischt man Lehm oder Ton mit etwas Wasser zu einer formbaren Masse. Diese wird in einen Teil des Rahmens gefüllt und mit einem Stück Holz festgedrückt. In den noch feuchten Lehm sticht man mit einem Bleistift oder einem dünnen Stöckchen Löcher in verschiedenen Durchmessern. Diese Löcher dienen als Nistplätze für Arten, die ihre Nester in Lehmwänden anlegen.

Nun beginnt das Befüllen des Rahmens. Die Hartholzblöcke, Pflanzenstängel und der Lehmbereich werden so in den Rahmen eingesetzt, dass sie fest sitzen und nicht herausfallen können. Zwischen die größeren Elemente kann man Stroh oder Heu stopfen, um zusätzliche Nistmöglichkeiten zu schaffen und Lücken zu füllen.

Bienenhotel selbst bauen

Es ist wichtig, dass alle Materialien fest im Rahmen sitzen und nicht wackeln. Lose Teile könnten die Bienen beim Nestbau stören. Zudem sollte man darauf achten, dass die Öffnungen der Nisthilfen leicht nach vorne geneigt sind, damit kein Regenwasser eindringen kann.

Zum Schluss wird an der Oberseite des Rahmens ein stabiler Draht befestigt, mit dem das Bienenhotel später aufgehängt werden kann. Alternativ kann man auch Aufhängeösen anbringen.

Bei der Platzierung des fertigen Bienenhotels gibt es einige wichtige Punkte zu beachten. Der ideale Standort ist sonnig bis halbschattig und windgeschützt. Das Hotel sollte in einer Höhe von etwa 1-2 Metern aufgehängt werden, mit der offenen Seite nach Süden oder Südosten ausgerichtet. Dies gewährleistet, dass die Nisthilfen von der Morgensonne erwärmt werden.

Es ist wichtig, dass das Hotel fest und sicher angebracht wird, damit es auch bei stärkerem Wind nicht herunterfallen kann. In der Nähe des Hotels sollten sich blühende Pflanzen befinden, die den Bienen als Nahrungsquelle dienen.

Nachdem das Bienenhotel aufgehängt wurde, heißt es geduldig sein. Es kann einige Zeit dauern, bis die ersten Bienen einziehen. In der Regel wird das Hotel jedoch schnell angenommen, besonders wenn es im Frühjahr oder Frühsommer aufgestellt wird.

Die Pflege des Bienenhotels ist relativ einfach. Es sollte regelmäßig kontrolliert werden, um sicherzustellen, dass es noch sicher befestigt ist und keine Beschädigungen aufweist. Verschmutzte oder verschimmelte Teile sollten entfernt und ersetzt werden. Es ist jedoch wichtig, bewohnte Nisthilfen nicht zu stören, da dies die Entwicklung der Bienenlarven beeinträchtigen könnte.

Bienenhotel selbst bauen

Im Herbst kann man beobachten, wie die Bienen ihre Niströhren mit Lehm oder Pflanzenteilen verschließen. Dies ist ein Zeichen dafür, dass die Röhren bewohnt sind und den Winter über nicht gestört werden sollten. Im nächsten Frühjahr schlüpfen dann die jungen Bienen und der Zyklus beginnt von Neuem.

Mit einem selbstgebauten Bienenhotel leistet man einen wertvollen Beitrag zum Schutz der Wildbienen und anderer nützlicher Insekten. Es bietet nicht nur Nistmöglichkeiten, sondern auch die Gelegenheit, diese faszinierenden Tiere aus nächster Nähe zu beobachten und mehr über ihr Verhalten zu lernen.

Für alle, die vielleicht nicht die Zeit oder das nötige Werkzeug zur Hand haben, gibt es auch eine praktische Alternative: Bienenhotels sind fertig im Handel erhältlich und können ganz einfach erworben und aufgehängt werden. So kann jeder, unabhängig von handwerklichem Geschick, den Bienen helfen und seinen Garten beleben.

Nistplätze für Wildbienen schaffen

Nistplätze für Wildbienen zu schaffen, ist ein wesentlicher Bestandteil eines bienenfreundlichen Gartens. Während Honigbienen in Bienenstöcken leben, benötigen Wildbienen ganz andere Strukturen für ihre Brut. Die meisten Wildbienenarten sind Einzelgänger und suchen sich individuelle Nistplätze. Ein Gärtner, der Wildbienen helfen möchte, kann eine Vielzahl von Nistmöglichkeiten anbieten, die den verschiedenen Bedürfnissen dieser faszinierenden Insekten gerecht werden.

Eine der einfachsten Möglichkeiten, Nistplätze für Wildbienen zu schaffen, ist das Stehenlassen von abgestorbenen Pflanzenteilen. Viele Wildbienenarten nisten in hohlen Pflanzenstängeln. Statt also im Herbst alle verblühten Stauden abzuschneiden, können Gärtner einige Stängel stehen lassen. Besonders beliebt sind die Stängel von Disteln, Königskerzen und Brombeeren. Die Bienen bohren sich in diese Stängel ein und legen dort ihre Eier ab. Es ist wichtig, dass diese Stängel bis zum nächsten Sommer stehen bleiben, damit die Bienenlarven sich entwickeln und schlüpfen können.

Neben hohlen Pflanzenstängeln bevorzugen einige Wildbienenarten morsche Holzstücke oder Totholz. Ein Stapel Brennholz oder ein alter Baumstumpf im Garten kann daher ein wertvoller Nistplatz sein. Besonders geeignet sind Harthölzer wie Eiche oder Buche. Die Bienen nagen kleine Gänge in das weiche, morsche Holz und legen dort ihre Brutzellen an. Ein solcher Holzstapel sollte möglichst an einem sonnigen, trockenen Platz im Garten aufgeschichtet werden.

Für Bodenbrüter unter den Wildbienen ist es wichtig, offene Bodenstellen im Garten zu haben. Etwa die Hälfte aller Wildbienenarten nistet im Boden. Sie bevorzugen sandige, lehmige Böden, die leicht zu

Nistplätze für Wildbienen schaffen

graben sind. Gärtner können gezielt solche Flächen anlegen, indem sie an sonnigen Stellen im Garten die Grasnarbe entfernen und den Boden auflockern. Eine Mischung aus Sand und Lehm eignet sich besonders gut. Diese Flächen sollten nicht zu dicht bepflanzt werden, damit die Bienen genügend offene Stellen zum Graben finden.

Steilwände und Abbruchkanten sind ebenfalls beliebte Nistplätze für einige Wildbienenarten. In der Natur finden sich solche Strukturen an Flussufern oder in Sandgruben. Im Garten kann man diese Lebensräume nachahmen, indem man kleine Steilwände aus Lehm oder Sand anlegt. Diese sollten nach Süden ausgerichtet sein und vor Regen geschützt werden, etwa durch ein kleines Vordach. Die Wände sollten mindestens 50 cm hoch sein und können mit verschiedenen Lochgrößen versehen werden, um unterschiedlichen Bienenarten Nistmöglichkeiten zu bieten.

Mauerspalten und Fugen in altem Mauerwerk sind ebenfalls attraktive Nistplätze für Wildbienen. Wer eine alte Steinmauer im Garten hat, sollte diese nicht komplett verfugen, sondern einige Spalten offen lassen. Auch bei Neubauten können gezielt Nischen und Fugen für Wildbienen eingeplant werden. Dabei ist es wichtig, dass die Fugen nicht zu tief sind und dass sie vor Regen geschützt sind.

Eine weitere Möglichkeit, Nistplätze für Wildbienen zu schaffen, ist das Aufstellen von Schilfmatten oder Schilfrohr-Bündeln. Diese können an sonnigen Stellen im Garten platziert werden, etwa an einer Hauswand oder einem Gartenzaun. Die hohlen Stängel des Schilfrohrs bieten ideale Nistmöglichkeiten für verschiedene Wildbienenarten. Es ist wichtig, dass die Schnittkanten der Schilfhalme glatt sind, um Verletzungen der Bienen zu vermeiden.

Nistplätze für Wildbienen schaffen

Auch Hartholzblöcke mit Bohrlöchern sind beliebte Nistplätze. Gärtner können solche Blöcke selbst herstellen, indem sie in Hartholzstücke Löcher mit verschiedenen Durchmessern (2-10 mm) bohren. Die Bohrungen sollten etwa 5-10 cm tief sein und dürfen nicht durch das gesamte Holzstück gehen. Nach dem Bohren ist es wichtig, die Löcher sorgfältig zu glätten, um Splitter zu entfernen.

Für Hummeln, die zu den Wildbienen gehören, kann man spezielle Nistkästen aufstellen. Diese ähneln kleinen Vogelkästen, haben aber ein Eingangsloch von etwa 2 cm Durchmesser. Im Inneren werden sie mit weichem Material wie Moos oder feiner Tierwolle ausgepolstert. Solche Kästen sollten an geschützten Stellen im Garten aufgestellt werden, etwa unter einem Busch oder an einer Hauswand.

Bei der Schaffung von Nistplätzen für Wildbienen ist es wichtig, verschiedene Strukturen anzubieten, um möglichst vielen Arten gerecht zu werden. Eine Kombination aus Totholz, offenen Bodenstellen, Steilwänden und künstlichen Nisthilfen bietet die besten Voraussetzungen für eine artenreiche Wildbienenpopulation im Garten.

Es ist auch wichtig zu beachten, dass Nistplätze in der Nähe von Nahrungsquellen liegen sollten. Ein vielfältiges Angebot an heimischen Blühpflanzen in der Umgebung der Nistplätze ist daher unerlässlich. Wildbienen fliegen in der Regel nur kurze Strecken von ihren Nestern zu den Nahrungsquellen.

Gärtner sollten auch darauf achten, dass die geschaffenen Nistplätze vor Feuchtigkeit geschützt sind. Nässe kann zur Verpilzung der Brutzellen führen und die Entwicklung der Bienenlarven gefährden. Ein kleines Dach über Nisthilfen oder die Platzierung an geschützten Stellen kann hier Abhilfe schaffen.

Nistplätze für Wildbienen schaffen

Bei der Pflege des Gartens ist Vorsicht geboten, um die Nistplätze der Wildbienen nicht zu zerstören. Besonders im Frühjahr und Sommer, wenn die Bienen aktiv sind, sollten Störungen vermieden werden. Auch im Winter sollten die Nistplätze nicht entfernt werden, da sich in ihnen überwinternde Larven befinden können.

Kompost und natürliche Dünger

In einem bienenfreundlichen Garten spielt die Verwendung von Kompost und natürlichen Düngemitteln eine entscheidende Rolle. Diese Methoden tragen nicht nur zur Gesundheit der Pflanzen bei, sondern schützen auch die Bienen und andere Bestäuber vor schädlichen Chemikalien.

Kompost ist das Gold des Gärtners. Er entsteht, wenn organische Materialien wie Pflanzenreste, Küchenabfälle und Grasschnitt unter kontrollierten Bedingungen verrotten. Der fertige Kompost ist reich an Nährstoffen und fördert die Bodengesundheit. Für Bienen ist Kompost besonders vorteilhaft, da er frei von synthetischen Chemikalien ist, die ihnen schaden könnten.

Um einen guten Kompost herzustellen, beginnen Gärtner mit einer Mischung aus braunen (kohlenstoffreichen) und grünen (stickstoffreichen) Materialien. Zu den braunen Materialien gehören trockene Blätter, Stroh und Holzspäne, während grüne Materialien frische Pflanzenreste, Rasenschnitt und Küchenabfälle umfassen. Das ideale Verhältnis liegt bei etwa drei Teilen braunem zu einem Teil grünem Material.

Der Komposthaufen sollte an einem schattigen Platz im Garten angelegt werden, geschützt vor direkter Sonneneinstrahlung und starkem Regen. Eine gute Belüftung ist wichtig, um den Zersetzungsprozess zu fördern. Viele Gärtner verwenden Kompostbehälter oder -silos, die den Prozess beschleunigen und den Kompost vor Schädlingen schützen.

Regelmäßiges Umsetzen des Komposts fördert die Zersetzung und verhindert unangenehme Gerüche. Etwa alle vier bis sechs Wochen wird der Haufen umgeschichtet, wobei das Material von außen nach innen verlagert wird. Dies sorgt für eine gleichmäßige Zersetzung und hilft, die optimale Feuchtigkeit zu erhalten.

Kompost und natürliche Dünger

Der fertige Kompost ist dunkel, krümelig und riecht angenehm erdig. Er kann als Mulch um Pflanzen herum ausgebracht oder in den oberen Bodenschichten eingearbeitet werden. Für Topfpflanzen eignet sich eine Mischung aus einem Teil Kompost und drei Teilen Gartenerde.

Neben Kompost gibt es eine Vielzahl natürlicher Düngemittel, die in einem bienenfreundlichen Garten eingesetzt werden können. Hornspäne sind ein langsam wirkender organischer Stickstoffdünger, der aus den Hufen und Hörnern von Rindern hergestellt wird. Sie eignen sich besonders für stickstoffliebende Pflanzen wie Rosen oder Gemüse.

Knochenmehl ist reich an Phosphor und Kalzium und fördert die Wurzelbildung und Blütenentwicklung. Es wird oft bei der Pflanzung von Bäumen und Sträuchern verwendet. Gärtner sollten jedoch beachten, dass Knochenmehl Tiere anlocken kann, die danach graben.

Algenkalk ist ein natürlicher Kalziumdünger, der den pH-Wert des Bodens reguliert und die Bodenstruktur verbessert. Er ist besonders nützlich in sauren Böden und fördert die Aktivität von Bodenmikroorganismen.

Brennnesseljauche ist ein hervorragender flüssiger Dünger, der leicht selbst hergestellt werden kann. Frische Brennnesseln werden in einem Eimer mit Wasser übergossen und etwa zwei Wochen lang fermentiert. Die entstandene Jauche wird verdünnt und als Blattdünger oder Gießwasser verwendet. Sie ist reich an Stickstoff und stärkt die Pflanzen gegen Schädlinge und Krankheiten.

Schafwollpellets sind ein langsam wirkender organischer Dünger, der neben Stickstoff auch Kalium und Schwefel liefert. Sie speichern Wasser und geben es langsam an die Pflanzen ab, was besonders in trockenen Perioden von Vorteil ist.

Kompost und natürliche Dünger

Beim Einsatz natürlicher Düngemittel ist es wichtig, die richtige Dosierung zu beachten. Überdüngung kann auch bei organischen Produkten zu Problemen führen. Gärtner sollten die Anweisungen auf den Verpackungen sorgfältig befolgen oder sich bei selbst hergestellten Düngern an bewährte Rezepte halten.

Die Verwendung von Kompost und natürlichen Düngemitteln hat mehrere Vorteile für Bienen und andere Bestäuber. Zunächst einmal vermeiden diese Methoden den Einsatz synthetischer Dünger, die oft Rückstände im Nektar und Pollen hinterlassen können. Solche Rückstände können das Nervensystem der Bienen schädigen oder ihre Orientierung beeinträchtigen.

Darüber hinaus fördern natürliche Düngemethoden ein gesundes Bodenleben. Ein lebendiger Boden mit einer Vielzahl von Mikroorganismen unterstützt das Pflanzenwachstum auf natürliche Weise. Gesunde, kräftige Pflanzen produzieren mehr Nektar und Pollen von höherer Qualität, was wiederum den Bienen zugutekommt.

Kompost und organische Dünger verbessern auch die Bodenstruktur und die Wasserspeicherfähigkeit des Bodens. Dies hilft den Pflanzen, Trockenperioden besser zu überstehen und kontinuierlich Blüten zu produzieren, was eine stabile Nahrungsquelle für Bienen gewährleistet.

Ein weiterer Vorteil ist die langsame und stetige Nährstofffreisetzung durch organische Dünger. Im Gegensatz zu synthetischen Düngern, die oft zu schnellem, aber kurzlebigem Wachstum führen, fördern natürliche Düngemittel ein ausgewogenes und nachhaltiges Pflanzenwachstum. Dies resultiert in stabileren Pflanzen, die weniger anfällig für Krankheiten und Schädlinge sind und daher weniger Pflanzenschutzmittel benötigen.

Kräutergärten für Bienen

Kräutergärten sind nicht nur für Menschen eine Quelle der Freude und des Genusses, sondern auch für Bienen ein wahres Paradies. Viele Kräuter bieten mit ihren duftenden Blüten reichlich Nektar und Pollen, die für Bienen und andere Bestäuber lebenswichtig sind. Ein gut geplanter Kräutergarten kann daher einen wichtigen Beitrag zum Schutz und zur Förderung der Bienenpopulationen leisten.

Zu den besonders bienenfreundlichen Kräutern gehören Thymian, Salbei, Lavendel, Oregano, Minze, Melisse, Borretsch und Ysop. Diese Kräuter sind nicht nur bei Bienen beliebt, sondern auch in der Küche vielseitig einsetzbar.

Thymian (Thymus vulgaris) ist ein kleiner, immergrüner Strauch mit winzigen, stark duftenden Blättern. Seine kleinen, rosa bis lila Blüten sind bei Bienen sehr beliebt. Thymian gedeiht am besten an einem sonnigen Standort in durchlässigem, kalkhaltigem Boden. Er kann sowohl in Töpfen als auch direkt im Gartenbeet angebaut werden. Um einen buschigen Wuchs zu fördern, sollten die Triebe nach der Blüte leicht zurückgeschnitten werden.

Salbei (Salvia officinalis) ist ein weiterer Favorit der Bienen. Seine lilafarbenen Blüten erscheinen im Frühsommer und bieten reichlich Nektar. Salbei bevorzugt einen sonnigen Standort und gut drainierten Boden. Er kann bis zu 60 cm hoch werden und sollte regelmäßig zurückgeschnitten werden, um einen kompakten Wuchs zu fördern. Es gibt verschiedene Salbei-Arten, die alle bei Bienen beliebt sind, darunter auch der Muskatellersalbei (Salvia sclarea) mit seinen großen, duftenden Blütenständen.

Lavendel (Lavandula angustifolia) ist nicht nur für seinen beruhigenden Duft bekannt, sondern auch für seine Attraktivität für Bienen. Die violetten Blütenähren erscheinen im Hochsommer und ziehen zahlreiche Bestäuber an. Lavendel benötigt einen sonnigen Standort und gut drainierten, kalkhaltigen Boden. Er eignet sich hervorragend für Beeteinfassungen oder als Kübelpflanze. Ein jährlicher Rückschnitt im Frühjahr hält die Pflanzen kompakt und fördert die Blütenbildung.

Oregano (Origanum vulgare) ist ein robustes Kraut, das sich schnell ausbreitet und von Juni bis August kleine, rosa bis weiße Blüten trägt. Diese Blüten sind bei Bienen sehr beliebt. Oregano gedeiht in sonniger bis halbschattiger Lage und bevorzugt durchlässigen, nährstoffarmen Boden. Er eignet sich gut als Bodendecker oder für Steingärten. Um eine Ausbreitung zu kontrollieren, sollte er regelmäßig zurückgeschnitten werden.

Minze (Mentha) gibt es in vielen Arten und Sorten, die alle bei Bienen beliebt sind. Besonders attraktiv sind Pfefferminze (Mentha x piperita) und Apfelminze (Mentha suaveolens). Minze blüht im Sommer mit kleinen, lilafarbenen Blüten in dichten Ähren. Sie bevorzugt feuchte, nährstoffreiche Böden und gedeiht sowohl in der Sonne als auch im Halbschatten. Da Minze sich stark ausbreitet, ist es ratsam, sie in Töpfen oder mit einer Rhizomsperre zu pflanzen.

Zitronenmelisse (Melissa officinalis) ist ein weiteres Kraut, das Bienen magisch anzieht. Ihre unscheinbaren, weißen bis blassrosa Blüten erscheinen von Juni bis September. Melisse gedeiht in sonniger bis halbschattiger Lage und bevorzugt feuchte, nährstoffreiche Böden. Sie kann bis zu 80 cm hoch werden und sollte regelmäßig zurückgeschnitten werden, um einen buschigen Wuchs zu fördern.

Borretsch (Borago officinalis) ist mit seinen himmelblauen, sternförmigen Blüten ein echter Blickfang im Kräutergarten und bei

Kräutergärten für Bienen

Bienen besonders beliebt. Er blüht von Juni bis September und sät sich oft selbst aus. Borretsch bevorzugt sonnige Standorte und nährstoffreiche, gut drainierte Böden. Er kann bis zu 60 cm hoch werden und eignet sich gut als Begleitpflanze für Tomaten und Erdbeeren.

Ysop (Hyssopus officinalis) ist ein halbstrauchiges Kraut mit intensiv blauen, rosa oder weißen Blüten, die von Juli bis September erscheinen. Er wird bis zu 60 cm hoch und bevorzugt sonnige, warme Standorte mit durchlässigem Boden. Ysop eignet sich gut für Beeteinfassungen und Kräuterspiralen.

Bei der Anlage eines bienenfreundlichen Kräutergartens sollten einige grundlegende Prinzipien beachtet werden. Zunächst ist es wichtig, einen geeigneten Standort zu wählen. Die meisten Kräuter bevorzugen sonnige Lagen und gut drainierten Boden. Ein leicht erhöhtes Beet oder eine Kräuterspirale kann ideal sein, da sie verschiedene Mikroklimate bieten und so die Bedürfnisse unterschiedlicher Kräuter erfüllen können.

Der Boden sollte vor der Pflanzung gut vorbereitet werden. Die meisten Kräuter bevorzugen nährstoffarme bis mäßig nährstoffreiche Böden. Eine Verbesserung mit Kompost kann hilfreich sein, aber eine Überdüngung sollte vermieden werden, da dies zu übermäßigem Wachstum auf Kosten der Blütenbildung führen kann.

Bei der Anordnung der Kräuter sollte darauf geachtet werden, dass stark wuchernde Arten wie Minze oder Zitronenmelisse die langsameren Wachser nicht überwuchern. Eine Gruppierung nach Wuchsform und Wasserbedarf kann sinnvoll sein. So können beispielsweise trockenheitsliebende Kräuter wie Thymian, Salbei und Lavendel zusammen gepflanzt werden, während Minze und Melisse einen feuchteren Bereich bevorzugen.

Kräutergärten für Bienen

Für Gärtner mit begrenztem Platz oder einem Balkon bietet sich der Anbau von Kräutern in Töpfen oder Kübeln an. Hierbei ist es wichtig, ausreichend große Gefäße zu wählen und für eine gute Drainage zu sorgen. Ein Substrat aus Gartenerde, Sand und Kompost eignet sich gut für die meisten Kräuter.

Die Pflege eines bienenfreundlichen Kräutergartens ist relativ einfach. Die meisten Kräuter sind robust und benötigen wenig Aufmerksamkeit. Regelmäßiges Gießen ist wichtig, wobei Staunässe vermieden werden sollte. Ein gelegentlicher Rückschnitt fördert einen kompakten Wuchs und regt die Blütenbildung an. Dabei sollte jedoch darauf geachtet werden, nicht alle Kräuter gleichzeitig zurückzuschneiden, um den Bienen kontinuierlich Nahrung zu bieten.

Um den Kräutergarten über die Saison hinweg attraktiv für Bienen zu halten, ist es ratsam, Kräuter mit unterschiedlichen Blütezeiten zu kombinieren. So können Frühblüher wie Salbei mit Sommerblühern wie Borretsch und Spätblühern wie Ysop kombiniert werden, um den Bienen von Frühling bis Herbst Nahrung zu bieten.

Kapitel 7: Pflege des bienenfreundlichen Gartens durch die Jahreszeiten

Der Frühling ist eine Zeit des Erwachens und der Erneuerung, sowohl für die Bienen als auch für die Pflanzen im Garten. In dieser kritischen Phase des Jahres gibt es viele wichtige Arbeiten für den Gärtner zu erledigen, um sicherzustellen, dass der bienenfreundliche Garten optimal auf die kommende Saison vorbereitet ist.

Mit den ersten wärmeren Tagen beginnen die Königinnen der Hummeln und Wildbienen, aus ihrem Winterschlaf zu erwachen und nach geeigneten Nistplätzen zu suchen. In dieser Zeit ist es wichtig, dass der Garten bereits erste Nahrungsquellen bietet. Frühblühende Zwiebelgewächse wie Krokusse, Schneeglöckchen und Winterlinge sind hierbei von unschätzbarem Wert. Diese Pflanzen sollten im Herbst des Vorjahres gesetzt worden sein und blühen nun als erste Farbtupfer im Garten.

Eine der ersten Aufgaben im Frühling ist das vorsichtige Zurückschneiden von abgestorbenen Pflanzenteilen des Vorjahres. Dabei ist jedoch Vorsicht geboten, da viele Insekten, darunter auch Wildbienen, in hohlen Stängeln oder Blättern überwintern. Der Gärtner sollte daher nicht zu gründlich vorgehen und einige Bereiche des Gartens unberührt lassen, um den Insekten Zeit zum Erwachen zu geben. Abgeschnittenes Material kann zu Haufen aufgeschichtet werden, die als Unterschlupf für verschiedene Tiere dienen.

Das Anlegen neuer Blumenbeete oder die Erweiterung bestehender Beete ist eine weitere wichtige Frühlingsaufgabe. Der Boden ist zu dieser Zeit oft noch feucht und leicht zu bearbeiten. Bei der Auswahl der Pflanzen

Frühling – Aufwachphase für Bienen und Pflanzen

sollte der Gärtner auf eine Mischung aus Früh-, Mittel- und Spätblühern achten, um den Bienen über die gesamte Saison hinweg Nahrung zu bieten. Besonders geeignet sind heimische Wildblumen wie Lungenkraut, Lerchensporn und Buschwindröschen, die nicht nur Nektar und Pollen liefern, sondern auch gut an das lokale Klima angepasst sind.

Das Aussäen von einjährigen Blumen ist eine weitere wichtige Aufgabe im Frühling. Pflanzen wie Kornblumen, Ringelblumen und Mohn können direkt ins Freiland gesät werden, sobald keine Frostgefahr mehr besteht. Diese Pflanzen werden im Sommer blühen und eine wichtige Nahrungsquelle für Bienen und andere Insekten darstellen.

Für Obstbäume und Beerensträucher ist der Frühling eine kritische Zeit. Die Blüten dieser Pflanzen sind oft die ersten größeren Nahrungsquellen für Bienen im Jahr. Der Gärtner sollte sicherstellen, dass diese Pflanzen in gutem Zustand sind, indem er sie auf Krankheiten oder Schädlingsbefall überprüft und gegebenenfalls behandelt. Ein leichter Rückschnitt kann bei einigen Arten nötig sein, um die Blütenbildung zu fördern.

Das Anlegen oder die Pflege von Kräuterbeeten ist eine weitere wichtige Frühlingsaufgabe. Viele Kräuter wie Thymian, Salbei und Oregano sind nicht nur in der Küche beliebt, sondern auch bei Bienen sehr begehrt. Diese Pflanzen können im Frühling direkt ins Freiland gesät oder als vorgezogene Pflanzen eingesetzt werden.

Die Pflege von Nistmöglichkeiten für Wildbienen sollte nicht vergessen werden. Bestehende Insektenhotels sollten überprüft und gegebenenfalls repariert werden. Neue Nistmöglichkeiten können geschaffen werden, indem man Totholz im Garten belässt oder spezielle Nisthilfen aufstellt.

Frühling – Aufwachphase für Bienen und Pflanzen

Eine oft übersehene, aber wichtige Aufgabe im Frühling ist das Bereitstellen von Wasser für Bienen. Flache Wasserschalen mit Steinen als Landeplätzen können aufgestellt werden, um den Bienen eine sichere Trinkquelle zu bieten.

Zu den Pflanzen, die im Frühling besonders wichtig für Bienen sind, gehören neben den bereits erwähnten Zwiebelblumen auch Weiden. Deren Kätzchen sind eine der ersten und wichtigsten Nahrungsquellen für Bienen im Jahr. Auch Obstbäume wie Apfel, Kirsche und Pflaume blühen im Frühling und bieten reichlich Nektar und Pollen.

Unter den Stauden sind es vor allem die Frühblüher, die den Bienen die erste Nahrung bieten. Dazu gehören neben Lungenkraut und Lerchensporn auch Primeln, Anemonen und Bergenie. Diese Pflanzen sollten in keinem bienenfreundlichen Garten fehlen.

Auch einige Sträucher blühen bereits im Frühling und sind wichtige Nahrungsquellen für Bienen. Dazu gehören Forsythien, Kornelkirschen und Felsenbirnen. Diese Sträucher können als Hecken oder Einzelpflanzen in den Garten integriert werden und bieten neben der Nahrung für Bienen auch Struktur und Farbe im Garten.

Der Frühling ist auch die Zeit, in der viele Wildblumen zu blühen beginnen. Gänseblümchen, Löwenzahn und Günsel sind oft die ersten, die auf Wiesen und in Rasenflächen erscheinen. Obwohl sie oft als Unkraut betrachtet werden, sind diese Pflanzen äußerst wertvoll für Bienen und sollten zumindest in Teilen des Gartens geduldet werden.

Mit all diesen Arbeiten und blühenden Pflanzen legt der Gärtner im Frühling den Grundstein für einen erfolgreichen, bienenfreundlichen Garten. Die sorgfältige Planung und Pflege in dieser Jahreszeit wird sich

Frühling – Aufwachphase für Bienen und Pflanzen

in den kommenden Monaten in Form eines summenden, brummenden und blühenden Gartens auszahlen.

Sommer – Hochsaison für Bestäuber

Der Sommer ist die Zeit, in der der bienenfreundliche Garten in voller Blüte steht und ein Summen und Brummen die Luft erfüllt. Es ist die Hochsaison für Bestäuber aller Art, und der Gärtner hat nun die Aufgabe, dieses blühende Paradies zu pflegen und zu erhalten.

In den warmen Sommermonaten ist die regelmäßige Bewässerung eine der wichtigsten Aufgaben. Besonders in trockenen Perioden benötigen die Pflanzen zusätzliches Wasser, um gesund zu bleiben und weiterhin Nektar und Pollen für die Bienen zu produzieren. Der Gärtner sollte dabei beachten, dass es am besten ist, früh am Morgen oder spät am Abend zu gießen, um eine übermäßige Verdunstung zu vermeiden. Dabei ist es ratsam, den Boden gründlich zu bewässern, anstatt nur oberflächlich zu gießen. Dies fördert ein tiefes Wurzelwachstum und macht die Pflanzen widerstandsfähiger gegen Trockenheit.

Das Mulchen der Beete ist eine weitere wichtige Sommertätigkeit. Eine Schicht aus organischem Material wie Stroh, Rasenschnitt oder Rindenmulch hilft, die Feuchtigkeit im Boden zu halten und das Wachstum von Unkraut zu unterdrücken. Dabei sollte der Gärtner darauf achten, den Mulch nicht direkt an die Pflanzenstängel zu legen, um Fäulnis zu vermeiden.

Regelmäßiges Entfernen von verblühten Blütenständen, auch als "Deadheading" bekannt, ist eine weitere wichtige Sommeraufgabe. Diese Praxis fördert bei vielen Pflanzen eine erneute Blüte und verlängert so die Blütezeit. Dies ist besonders wichtig bei Pflanzen wie Rittersporn, Phlox und Kornblumen. Der Gärtner sollte jedoch vorsichtig sein und nicht alle verblühten Blütenstände entfernen, da einige davon wichtige Samenstände für Vögel und andere Tiere bilden.

Sommer – Hochsaison für Bestäuber

Das Zurückschneiden einiger Stauden nach der ersten Blüte kann ebenfalls eine zweite Blüte im Spätsommer oder Frühherbst fördern. Pflanzen wie Katzenminze, Salbei und Storchschnabel profitieren von einem leichten Rückschnitt um etwa ein Drittel ihrer Höhe.

In Bezug auf die Rasenpflege sollte der Gärtner im Sommer einen höheren Schnitt wählen. Längeres Gras hält die Feuchtigkeit besser und bietet Insekten mehr Schutz. Zudem sollte man einige Bereiche des Rasens weniger häufig mähen oder ganz wild wachsen lassen, um Wildblumen wie Gänseblümchen, Klee und Löwenzahn eine Chance zu geben. Diese Pflanzen sind wichtige Nahrungsquellen für viele Bienenarten.

Der Sommer ist auch die Zeit, in der viele Schädlinge aktiv sind. Der bienenfreundliche Gärtner sollte jedoch auf den Einsatz von chemischen Pestiziden verzichten, da diese auch nützliche Insekten schädigen können. Stattdessen kann er auf natürliche Methoden der Schädlingsbekämpfung zurückgreifen. Dazu gehört das Absammeln von Schädlingen von Hand, der Einsatz von Nützlingen wie Marienkäfern gegen Blattläuse oder die Verwendung von Pflanzenjauchen als natürliche Abwehrmittel.

Das Anlegen von Wasserstellen ist im Sommer besonders wichtig. Flache Schalen mit Steinen oder schwimmenden Korkstücken bieten Bienen und anderen Insekten sichere Landeplätze zum Trinken. Der Gärtner sollte darauf achten, das Wasser regelmäßig zu erneuern, um die Ausbreitung von Krankheiten zu verhindern.

Im Hochsommer blühen viele Pflanzen, die für Bienen besonders attraktiv sind. Zu den Stauden, die in dieser Zeit ihre Blütenpracht entfalten, gehören Sonnenhut (Rudbeckia), Sonnenauge (Heliopsis),

Sommer – Hochsaison für Bestäuber

Phlox und Fetthenne (Sedum). Diese Pflanzen bieten nicht nur reichlich Nektar und Pollen, sondern sind auch robust und pflegeleicht.

Unter den Sommerblumen sind besonders Kosmeen, Zinnien und Sonnenblumen bei Bienen beliebt. Diese einjährigen Pflanzen blühen lange und können auch noch im Spätsommer ausgesät werden, um die Blütezeit zu verlängern.

Kräuter wie Thymian, Oregano, Salbei und Lavendel erreichen im Sommer ihren Höhepunkt und sind wahre Bienenmagneten. Man sollte diese Pflanzen regelmäßig zurückschneiden, um eine kompakte Wuchsform und eine verlängerte Blütezeit zu fördern.

Auch einige Sträucher blühen im Sommer und sind wichtige Nahrungsquellen für Bienen. Dazu gehören der Schmetterlingsstrauch (Buddleja), der Blasenstrauch (Colutea) und verschiedene Arten der Heckenkirsche (Lonicera). Diese Sträucher bieten nicht nur Nahrung für Bienen, sondern auch Struktur und Höhe im Garten.

Der Sommer ist auch die Zeit, in der viele Gemüsepflanzen blühen. Kürbisse, Zucchini und Tomaten produzieren Blüten, die von Bienen besucht werden. Der Gärtner kann einige dieser Pflanzen blühen lassen, anstatt alle Früchte zu ernten, um den Bienen zusätzliche Nahrung zu bieten.

In den Sommermonaten ist eine regelmäßige Beobachtung des Gartens entscheidend. Es gilt, Anzeichen von Krankheiten oder Schädlingsbefall frühzeitig zu erkennen und sorgsam zu behandeln. Schonendste Methoden sind dabei vorzuziehen, um Bienen und andere nützliche Insekten zu schützen.

Der Sommer ist auch eine gute Zeit, um neue bienenfreundliche Pflanzen in den Garten zu integrieren. Stauden, die im Herbst blühen werden, können jetzt gepflanzt werden, um ihnen Zeit zu geben, sich vor der Blüte zu etablieren. Dazu gehören Astern, Herbstanemonen und Herbst-Sonnenhut.

Im Sommer gilt es auch, an die Zukunft zu denken. Das Sammeln von Samen erfolgreicher oder beliebter Pflanzen ermöglicht es, diese im nächsten Jahr erneut zu kultivieren oder zu teilen und so das Netzwerk bienenfreundlicher Gärten zu erweitern.

Durch sorgfältige Pflege und Erhaltung bleibt der bienenfreundliche Garten den ganzen Sommer über ein blühendes Paradies für Bestäuber. Dieses Engagement wird mit einem lebendigen, farbenfrohen Garten belohnt, der nicht nur den Bienen, sondern auch den Menschen Freude bereitet.

Herbst – Vorbereitung für den Winter

Mit dem Einzug des Herbstes verändert sich die Atmosphäre im bienenfreundlichen Garten. Die üppige Blütenpracht des Sommers weicht allmählich einer ruhigeren, aber nicht weniger wichtigen Phase. In dieser Zeit gilt es, den Garten auf die kalte Jahreszeit vorzubereiten und gleichzeitig den Bienen und anderen Insekten bei ihren Wintervorbereitungen zu helfen.

Eine der wichtigsten Aufgaben im Herbst ist das gezielte Stehenlassen von verblühten Pflanzen. Viele Stauden wie Sonnenhut, Astern oder Disteln bieten mit ihren Samenständen wertvolle Nahrung für Vögel und andere Tiere. Zudem dienen die hohlen Stängel vieler Pflanzen als Überwinterungsquartiere für Insekten. Es ist daher ratsam, einen Teil der abgestorbenen Pflanzenteile bis zum Frühjahr stehen zu lassen. Dies schafft nicht nur Lebensraum für Tiere, sondern verleiht dem Garten auch eine interessante Winterstruktur.

Gleichzeitig ist der Herbst die ideale Zeit, um neue Stauden und Gehölze zu pflanzen. Der noch warme Boden ermöglicht es den Pflanzen, vor dem Winter ein gutes Wurzelwerk zu entwickeln. Beim Pflanzen sollte besonders auf bienenfreundliche Arten geachtet werden. Spätblühende Stauden wie Herbstastern, Herbstanemonen oder Fetthenne sind besonders wertvoll, da sie den Bienen noch bis in den späten Herbst hinein Nahrung bieten.

Das Laub, das im Herbst von den Bäumen fällt, sollte nicht vollständig entfernt werden. Unter Hecken und in Beeten bildet es eine natürliche Mulchschicht, die den Boden vor Frost schützt und gleichzeitig Lebensraum für viele Insekten bietet. In diesen Laubhaufen überwintern beispielsweise Igel, aber auch viele Insekten finden hier Schutz. Nur auf dem Rasen sollte das Laub entfernt werden, um Pilzbefall zu vermeiden.

Herbst – Vorbereitung für den Winter

Im Herbst ist es auch Zeit, den Kompost umzusetzen. Der reife Kompost kann als natürlicher Dünger auf die Beete verteilt werden. Dies verbessert die Bodenstruktur und versorgt die Pflanzen mit wichtigen Nährstoffen für das kommende Jahr. Beim Ausbringen des Komposts sollte darauf geachtet werden, die Wurzelhälse der Pflanzen freizulassen, um Fäulnis zu vermeiden.

Eine weitere wichtige Aufgabe im Herbst ist das Anlegen neuer Blumenwiesen oder das Nachsäen bestehender Flächen. Die kühleren Temperaturen und die höhere Bodenfeuchtigkeit bieten ideale Bedingungen für die Keimung vieler Wildblumensamen. Dabei sollten heimische Wildblumenmischungen verwendet werden, die speziell auf die Bedürfnisse von Bienen und anderen Insekten abgestimmt sind.

Für Wildbienen, die in hohlen Pflanzenstängeln nisten, können jetzt zusätzliche Nisthilfen geschaffen werden. Dazu eignen sich Bündel aus hohlen Stängeln von Schilf, Bambus oder anderen Pflanzen, die an geschützten Stellen im Garten angebracht werden. Diese Nisthilfen sollten so platziert werden, dass sie vor Regen und direkter Sonneneinstrahlung geschützt sind.

Im Herbst ist es auch wichtig, die vorhandenen Insektenhotels zu überprüfen und gegebenenfalls zu reinigen oder zu reparieren. Dabei sollte vorsichtig vorgegangen werden, um eventuell bereits eingenistete Insekten nicht zu stören. Neue Insektenhotels können jetzt aufgestellt werden, damit sie von den Insekten rechtzeitig entdeckt und bezogen werden können.

Die Wasserstellen im Garten sollten auch im Herbst gepflegt und aufrechterhalten werden. Viele Insekten benötigen auch in dieser

Herbst – Vorbereitung für den Winter

Jahreszeit noch Wasser. Es ist wichtig, die Wasserstellen regelmäßig zu reinigen und aufzufüllen, bis der erste Frost einsetzt.

Für Hummeln, die oft in alten Mauselöchern oder unter Grasbüscheln überwintern, können spezielle Überwinterungsquartiere geschaffen werden. Dazu eignen sich umgedrehte Tontöpfe, die mit Stroh oder trockenem Gras gefüllt und teilweise in die Erde eingegraben werden. Diese sollten an geschützten Stellen im Garten platziert werden.

Im Herbst ist es auch Zeit, die letzten Blumen des Jahres zu genießen und zu pflegen. Spätblühende Pflanzen wie Chrysanthemen, Herbstastern oder Herbstzeitlose bieten den Bienen wichtige letzte Nahrungsquellen vor dem Winter. Diese Pflanzen sollten besonders geschützt und gepflegt werden, um ihre Blütezeit so lange wie möglich zu erhalten.

Das Einsammeln von Samen ist eine weitere wichtige Herbstaktivität. Viele Pflanzen haben jetzt reife Samen, die gesammelt und für das nächste Jahr aufbewahrt werden können. Dies ermöglicht es, den bienenfreundlichen Garten im kommenden Jahr kostengünstig zu erweitern und zu verbessern.

Beim Rückschnitt von Sträuchern und Hecken sollte behutsam vorgegangen werden. Viele Beerensträucher bieten Vögeln im Winter wichtige Nahrung, daher sollten nicht alle Früchte entfernt werden. Hecken sollten nur leicht in Form gebracht werden, um den darin lebenden Tieren Schutz zu bieten.

Die Vorbereitung des Gemüsegartens für den Winter bietet ebenfalls Möglichkeiten, den Bienen zu helfen. Gründüngungspflanzen wie Phacelia oder Senf können jetzt ausgesät werden. Diese verbessern nicht nur den Boden, sondern bieten im Frühjahr auch eine frühe Nahrungsquelle für Bienen.

Herbst – Vorbereitung für den Winter

Schließlich ist der Herbst auch die Zeit, um über das vergangene Gartenjahr nachzudenken und Pläne für das kommende Jahr zu schmieden. Welche Pflanzen waren besonders erfolgreich? Welche Bereiche des Gartens könnten noch bienenfreundlicher gestaltet werden? Diese Überlegungen helfen dabei, den Garten Schritt für Schritt zu einem noch besseren Lebensraum für Bienen und andere Insekten zu entwickeln.

Mit diesen Maßnahmen wird der bienenfreundliche Garten gut auf den Winter vorbereitet. Gleichzeitig wird den Bienen und anderen Insekten geholfen, diese herausfordernde Jahreszeit zu überstehen. Ein gut vorbereiteter Herbstgarten bildet die Grundlage für ein blühendes und summendes Frühjahr im kommenden Jahr.

Winter – Ruhephase und Planung

Der Winter im bienenfreundlichen Garten ist eine Zeit der Ruhe und Vorbereitung. Obwohl die Natur scheinbar still steht, gibt es dennoch wichtige Aufgaben zu erledigen und Vorbereitungen für das kommende Frühjahr zu treffen.

Eine der wichtigsten Aufgaben im Winter ist der Schutz der vorhandenen Pflanzen. Frostempfindliche Gewächse sollten mit Reisig, Laub oder Vlies abgedeckt werden. Dabei ist es wichtig, die Abdeckung nicht zu dicht zu machen, um Schimmelbildung zu vermeiden. Kübelpflanzen, die Bienen im Sommer Nahrung bieten, werden an einen geschützten Ort gebracht, etwa in einen kühlen Keller oder eine Garage.

Die Wintermonate bieten auch die Gelegenheit, bestehende Nisthilfen und Insektenhotels zu überprüfen und gegebenenfalls zu reparieren. Dabei sollte vorsichtig vorgegangen werden, um überwinternde Insekten nicht zu stören. Neue Nisthilfen können jetzt gebaut und an geschützten Stellen im Garten angebracht werden, damit sie rechtzeitig zum Frühjahr bereitstehen.

Schneefreie Tage eignen sich gut, um den Garten auf Frostschäden zu überprüfen. Aufgefrorene Pflanzen sollten vorsichtig wieder angedrückt werden. Auch die Kontrolle von Stützen und Spalieren ist wichtig, da diese durch Schnee und Eis beschädigt worden sein könnten.

Die Wintermonate sind ideal für die Planung des Gartens im kommenden Jahr. Jetzt ist Zeit, Kataloge zu durchstöbern, neue bienenfreundliche Pflanzen auszuwählen und einen Pflanzplan zu erstellen. Dabei sollte darauf geachtet werden, eine Vielfalt an Pflanzen zu wählen, die über die gesamte Saison hinweg Nahrung für Bienen bieten.

An frostfreien Tagen können Obstbäume und Beerensträucher geschnitten werden. Dies fördert nicht nur das Wachstum und den Ertrag,

Winter – Ruhephase und Planung

sondern verbessert auch die Blütenbildung im Frühjahr, was wiederum den Bienen zugute kommt.

Die Winterfütterung von Vögeln sollte fortgesetzt werden, da viele Vogelarten wichtige Bestäuber und natürliche Schädlingsbekämpfer im Garten sind. Dabei ist es wichtig, die Futterstellen regelmäßig zu reinigen, um die Ausbreitung von Krankheiten zu verhindern.

An milden Wintertagen können bereits erste Vorbereitungen für das Frühjahr getroffen werden. Beete können vorbereitet und Kompost ausgebracht werden. Dabei sollte darauf geachtet werden, den Boden nicht zu verdichten, indem man ihn bei Frost oder zu großer Nässe betritt.

Die Wintermonate eignen sich auch gut, um das eigene Wissen über bienenfreundliches Gärtnern zu erweitern. Bücher, Fachzeitschriften und Online-Ressourcen bieten wertvolle Informationen und neue Ideen für die kommende Gartensaison.

Schließlich ist der Winter auch die Zeit, um Saatgut für das Frühjahr vorzubereiten. Viele bienenfreundliche Pflanzen benötigen eine Kälteperiode, um im Frühjahr zu keimen. Diese Samen können in Töpfen ausgesät und im Freien überwintert werden.

Mit diesen Aktivitäten wird der Grundstein für einen blühenden und summenden Garten im kommenden Jahr gelegt. Obwohl der Winter eine ruhige Zeit im Garten ist, bietet er viele Möglichkeiten, sich auf eine bienenfreundliche Gartensaison vorzubereiten.

Kapitel 8: Zusätzliche Anregungen und Extras

Diese Checklisten sollen Ihnen helfen, einen strukturierten und erfolgreichen Plan für einen bienenfreundlichen Garten zu erstellen und umzusetzen.

1. Vorbereitungsphase

Vor Beginn der Planung:

- ☐ **Standortanalyse:** Sonnenstunden, Windverhältnisse, Bodenbeschaffenheit notieren.
- ☐ **Bedarfsanalyse:** Was soll der Garten bieten? (Ruheplatz, Spielplatz, Nutzfläche)
- ☐ **Ziele klar definieren:** Klarheit über die gewünschten Ergebnisse (höhere Bienenfreundlichkeit, ästhetische Aspekte).

2. Planung der Pflanzen

Auswahl und Anordnung der Pflanzen:

- ☐ **Recherchieren:** Welche Pflanzen sind in der DACH-Region besonders bienenfreundlich? (Referenz: Kapitel 4, Abschnitt 2 „Die richtige Pflanzenauswahl für die DACH-Region")
- ☐ **Pflanzenliste erstellen:** Blumen, Kräuter, Sträucher, Bäume.
- ☐ **Blühkalender beachten:** Sicherstellen, dass das ganze Jahr über etwas blüht (Referenz: Kapitel 8, Abschnitt 2 „Bienenkalender – Wann blüht was?").
- ☐ **Regionale Pflanzen bevorzugen:** Fokus auf heimische Pflanzenarten (Referenz: Kapitel 4, Abschnitt 3 „Regionale Pflanzen und ihre Bedeutung für Bienen").
  - ☐ **Strukturvielfalt planen:** Verschiedene Ebenen (Bodendecker, Stauden, Sträucher, Bäume) berücksichtigen

(Referenz: Kapitel 4, Szene 4 „Strukturvielfalt im Garten schaffen").

3. Gestaltungselemente
Einbindung weiterer bienenfreundlicher Elemente:

- ☐ **Wildblumenwiese anlegen:** Plan für Pflanzung und Pflege (Referenz: Kapitel 6, Abschnitt 1 „Ein Wildblumenbeet anlegen").
- ☐ **Bienenhotel bauen oder kaufen:** Anleitung und Platzierungsstrategie (Referenz: Kapitel 6, Abschnitt 2 „Bienenhotel selbst bauen").
- ☐ **Wasserquellen integrieren:** Flache Schalen, kleine Teiche oder Wasserbecken mit Trinkmöglichkeiten (Referenz: Kapitel 5, Abschnitt 5 „Wasserquellen für Bienen im Garten").
- ☐ **Nistplätze schaffen:** Totholzhaufen, Sandhügel, unberührte Erdflächen (Referenz: Kapitel 6, Abschnitt 3 „Nistplätze für Wildbienen schaffen").
- ☐ **Kräutergärten anlegen:** Diverse bienenfreundliche Kräuter platzieren (Referenz: Kapitel 6, Szene 5 „Kräutergärten für Bienen").

4. Umsetzungsphase
Schritt-für-Schritt-Anleitung zur Umsetzung:

- ☐ **Materialbeschaffung:** Samen, Pflanzen, Baumaterialien für Bienenhotels, Bodenverbesserer.
- ☐ **Boden vorbereiten:** Boden testen und ggf. verbessern, umgraben, düngen.
- ☐ **Pflanzung:** Saat und Pflanzung nach Blühzeiten planen.

Checklisten für die Gartenplanung

- ☐ **Installationsarbeiten:** Bienenhotels, Wasserquellen, Nistplätze anbringen.
- ☐ **Wasserversorgung sicherstellen:** Regelmäßige Bewässerung planen und durchführen.

5. Pflege und Entwicklung
Wartung und Anpassung:
- ☐ **Regelmäßige Pflege:** Unkraut jäten, gießen, mulchen.
- ☐ **Schädlingskontrolle:** Auf chemische Pestizide verzichten, natürliche Schädlingsbekämpfungsmethoden anwenden (Referenz: Kapitel 4, Abschnitt 5 „Pestizidfreie Gartenpflege").
- ☐ **Monitoring:** Regelmäßiges Überprüfen des Blühkalenders und Anpassung nach Bedarf.
- ☐ **Boden regelmäßig düngen:** Kompost und natürliche Dünger verwenden (Referenz: Kapitel 6, Szene 4 „Kompost und natürliche Dünger").

6. Saisonale Aufgaben
Jährliche Aktivitäten zur Pflege:
- **Frühling:**
  - ☐ Samen pflanzen und Setzlinge einsetzen.
  - ☐ Kontrolle der Winterbeschädigungen und gegebenenfalls Reparaturen vornehmen (Referenz: Kapitel 7, Szene 1 „Frühling").
- **Sommer:**
  - ☐ Regelmäßige Bewässerung und Pflege (Referenz: Kapitel 7, Szene 2 „Sommer").
  - ☐ Ernte der bienenfreundlichen Kräuter.
- **Herbst:**

Checklisten für die Gartenplanung

- ☐ Garten auf den Winter vorbereiten: Mulch auslegen, Wasserquellen leeren (Referenz: Kapitel 7, Szene 3 „Herbst").
- ☐ Sicherstellen, dass genug Nistplätze vorhanden sind.
- ☐ Letzte Bepflanzung vor dem Winter.

- **Winter:**
    - ☐ Planungen für das nächste Jahr durchführen (Referenz: Kapitel 7, Szene 4 „Winter").
    - ☐ Kompostierung im Winter überwachen.
    - ☐ Kontrollierte Ruhephase für den Garten.

Bienenkalender – Wann blüht was?

Der folgende Kalender hilft Ihnen, sicherzustellen, dass Ihr Garten das ganze Jahr über blühende Pflanzen bietet, um Bienen und anderen Bestäubern kontinuierlich Nahrung zu liefern. Die sorgfältige Auswahl der Pflanzen berücksichtigt deren Nektar- und Pollenangebot sowie ihre Blühzeiten, um eine lückenlose Versorgung zu gewährleisten.

Was zeigt der Bienenkalender?

Der Bienenkalender bietet Ihnen eine Übersicht über die Blühzeiten verschiedener Pflanzen, die besonders bienenfreundlich sind. Er ist in die vier Jahreszeiten unterteilt – Frühling, Sommer, Herbst und Winter – und zeigt für jeden Monat die Pflanzen, die zu dieser Zeit blühen. Dies soll sicherstellen, dass Bienen und andere Bestäuber zu jeder Jahreszeit genügend Nahrung finden.

- **Blühzeiten:** Der Kalender zeigt an, welche Pflanzen in welchem Monat ihre Hauptblütezeit haben.
- **Bestäuberfreundlichkeit:** Es werden Pflanzen hervorgehoben, die besonders viel Nektar und Pollen bieten und somit für Bienen und andere Bestäuber überlebenswichtig sind.
- **Regionale Anpassung:** Die Auswahl der Pflanzen basiert auf solchen, die in der DACH-Region (Deutschland, Österreich, Schweiz) gut gedeihen und für die lokalen Bestäuber relevant sind.

Warum wurden diese Pflanzen gewählt?

Die Pflanzen in diesem Kalender wurden basierend auf mehreren Kriterien ausgewählt:

- **Nektar- und Pollenangebot:** Pflanzen, die viel Nektar und nahrhaften Pollen produzieren, sind besonders wertvoll für

Bienenkalender – Wann blüht was?

Bestäuber. Dazu gehören sowohl heimische Wildblumen als auch kultivierte Gartenpflanzen.

- **Blühzeiten:** Eine kontinuierliche Blütezeit über das gesamte Jahr hinweg ist entscheidend. Jede Lücke in der Blühzeit kann dazu führen, dass Bienen und andere Bestäuber Nahrungsengpässe erleben.
- **Vielfalt:** Die Auswahl umfasst eine Vielzahl von Blütenformen, Farben und Pflanzentypen (Stauden, Sträucher, Bäume, Kräuter), um die Bedürfnisse unterschiedlicher Bestäuberarten zu erfüllen.
- **Anpassungsfähigkeit:** Pflanzen, die in der jeweiligen Region gut gedeihen und wenig Pflege benötigen, sind nachhaltiger und umweltfreundlicher.

Nutzen Sie diesen Kalender, um sicherzustellen, dass Ihr Garten nicht nur den Bienen, sondern auch anderen Bestäubern wie Hummeln, Schmetterlingen und Wespen eine kontinuierliche Nahrungsquelle bietet.

Bienenkalender – Wann blüht was?

März:

April:

Bienenkalender – Wann blüht was?

Mai:

Bienenkalender – Wann blüht was?

Juni:

Bienenkalender – Wann blüht was?

Juli:

August:

September:

Oktober:

Bienenkalender – Wann blüht was?

November:

Efeu

Winterheide

Zwergmispel

Gewöhnlicher Schneeball

Bienenkalender – Wann blüht was?

Dezember:

Bienenkalender – Wann blüht was?

Januar:

Bienenkalender – Wann blüht was?

Februar:

Fotowettbewerb

Wir laden Sie herzlich ein, an unserem Fotowettbewerb teilzunehmen und uns Ihre bienenfreundlichen Gartenprojekte zu zeigen! Lassen Sie sich von den Ideen in diesem Buch inspirieren und teilen Sie Ihre Erfolge mit unserer Community.

Teilnahmebedingungen

Einreichungen:

- Reichen Sie mindestens **ein Foto** von Ihrem Garten oder Balkon ein: z.B. eine Gesamtaufnahme oder/und Detailaufnahmen.
- Fügen Sie eine **kurze Beschreibung** von maximal 300 Wörtern hinzu, in der Sie Ihre Umsetzung und die verwendeten Pflanzen erläutern.
- Der Wettbewerb steht allen Leser*innen offen, unabhängig von Garten- oder Fotografieerfahrung.
- Einsendeschluss ist der **31. Mai 2025.**

Einreichung:

Senden Sie Ihre Fotos und die Beschreibung per E-Mail an felix.gruenwald-buch@outlook.de.

Bewertungskriterien

Eine Jury, wird die Einreichungen nach folgenden Kriterien bewerten:

- **Kreativität:** Wie innovativ ist das Design?
- **Umsetzung:** Wie gut wurden die Prinzipien des bienenfreundlichen Gärtnerns umgesetzt?
- **Ästhetik:** Wie attraktiv sieht der Garten/Balkon aus?

Fotowettbewerb

Preise:
1. **Platz:** 10 Euro.
2. **Platz:** 5 Euro.
3. **Platz:** 5 Euro.

Das Gewinnerfoto wird zudem mit Zustimmung des Fotografen oder der Fotografin in einer meiner kommenden Veröffentlichungen präsentiert.

Tipps für die Einbindung von Kindern und Familien

Kinder und Familien für das bienenfreundliche Gärtnern zu begeistern, ist eine wunderbare Möglichkeit, nicht nur die Umwelt zu schützen, sondern auch wertvolle Bildungserfahrungen zu schaffen. Doch wie können Eltern und Erziehende dies am besten angehen? Hier sind einige praktische Tipps und Anregungen, die dabei helfen, Kinder und Familien in das bienenfreundliche Gärtnern einzubeziehen.

Zunächst ist es wichtig, das natürliche Interesse und die Neugier von Kindern zu nutzen. Viele Kinder sind von Natur aus fasziniert von Insekten und Pflanzen. Diese Begeisterung kann als Ausgangspunkt dienen, um sie für das Thema Bienenschutz zu sensibilisieren. Eine gute Möglichkeit, dies zu tun, ist es, gemeinsam Bienen und andere Insekten im Garten oder Park zu beobachten. Mit einem Vergrößerungsglas ausgestattet, können Kinder die faszinierende Welt der Insekten aus nächster Nähe erkunden.

Allerdings ist es wichtig zu beachten, dass manche Kinder anfänglich Angst vor Bienen haben könnten. Diese Furcht ist verständlich und sollte ernst genommen werden. Um sie zu überwinden, ist es hilfreich, Kindern altersgerecht zu erklären, dass Bienen in der Regel friedlich sind und nur stechen, wenn sie sich bedroht fühlen. Man kann ihnen beibringen, wie sie sich in der Nähe von Bienen verhalten sollten: ruhig bleiben, keine hektischen Bewegungen machen und die Tiere nicht zu stören. Mit der Zeit und durch positive Erfahrungen lernen die meisten Kinder, Bienen zu respektieren und zu schätzen, anstatt sie zu fürchten.

Ein weiterer wichtiger Aspekt ist es, Kindern die Bedeutung von Bienen für unser Ökosystem zu vermitteln. Dies kann durch altersgerechte Erklärungen und anschauliche Beispiele geschehen. Man könnte zum Beispiel erklären, dass viele unserer Lieblingsfrüchte und -gemüse ohne

Tipps für die Einbindung von Kindern und Familien

Bienen nicht existieren würden. Ein Picknick mit bienenbestäubten Lebensmitteln kann dies auf spielerische Weise verdeutlichen.

Praktische Gartenarbeit ist eine hervorragende Möglichkeit, Kinder aktiv einzubeziehen. Das Säen von bienenfreundlichen Blumen oder das Pflanzen von Kräutern kann für Kinder sehr aufregend sein. Man kann ihnen ihre eigenen kleinen Beete oder Töpfe zuweisen, für die sie verantwortlich sind. Dies fördert nicht nur das Verständnis für die Bedürfnisse von Pflanzen und Insekten, sondern auch ein Gefühl von Verantwortung und Stolz.

Das Basteln von Insektenhotels ist eine weitere unterhaltsame Aktivität, die Kinder begeistern kann. Mit einfachen Materialien wie Bambusröhren, Holzstücken oder Stroh können Kinder kreativ werden und gleichzeitig etwas Nützliches für die Insekten schaffen. Dies bietet auch eine gute Gelegenheit, über die verschiedenen Bedürfnisse unterschiedlicher Insektenarten zu sprechen.

Für ältere Kinder und Jugendliche können komplexere Projekte interessant sein. Sie könnten beispielsweise ein Tagebuch über die Insekten im Garten führen, Fotos machen und die verschiedenen Arten identifizieren. Dies fördert nicht nur das Interesse an der Natur, sondern auch wissenschaftliche Fähigkeiten wie Beobachtung und Dokumentation.

Familien können auch gemeinsam an größeren Projekten arbeiten, wie der Umgestaltung eines Teils des Gartens in eine bienenfreundliche Zone. Dies könnte das Anlegen einer Wildblumenwiese, das Pflanzen von heimischen Sträuchern oder das Errichten einer Trockenmauer für Wildbienen umfassen. Solche Projekte bieten nicht nur die Möglichkeit,

Tipps für die Einbindung von Kindern und Familien

gemeinsam Zeit in der Natur zu verbringen, sondern auch wertvolle Lernerfahrungen über Ökosysteme und Nachhaltigkeit.

Es ist auch wichtig, den Spaßfaktor nicht zu vergessen. Spielerische Elemente können das Lernen und die Gartenarbeit auflockern. Man könnte zum Beispiel ein "Bienen-Bingo" entwickeln, bei dem Kinder verschiedene bienenfreundliche Pflanzen oder Insekten im Garten finden müssen.

Die Einbindung von Technologie kann für ältere Kinder und Jugendliche attraktiv sein. Es gibt mittlerweile zahlreiche Apps zur Pflanzen- und Insektenbestimmung, die bei der Erforschung des Gartens hilfreich sein können. Auch das Erstellen von kurzen Videos oder Fotocollagen über die Entwicklung des bienenfreundlichen Gartens kann eine spannende Aktivität sein.

Schließlich ist es wichtig, die Erfolge zu feiern. Wenn die ersten Bienen die neu gepflanzten Blumen besuchen oder wenn aus den selbst gesäten Samen Pflanzen wachsen, sollte dies gewürdigt werden. Dies verstärkt das positive Gefühl und motiviert, weiterhin aktiv zu bleiben.

Ein weiterer Aspekt, der berücksichtigt werden sollte, ist die Vernetzung mit anderen Familien oder lokalen Umweltgruppen. Gemeinsame Aktionen wie Pflanzentauschbörsen oder Workshops zum bienenfreundlichen Gärtnern können nicht nur das Wissen erweitern, sondern auch ein Gefühl von Gemeinschaft und geteiltem Engagement schaffen.

Insgesamt bietet das bienenfreundliche Gärtnern zahlreiche Möglichkeiten, Kinder und Familien einzubeziehen. Es fördert nicht nur das Verständnis für die Natur und die Bedeutung von Bienen, sondern kann auch wertvolle Familienerlebnisse schaffen und wichtige

Tipps für die Einbindung von Kindern und Familien

Fähigkeiten wie Verantwortungsbewusstsein, Geduld und Umweltbewusstsein fördern. Mit der richtigen Herangehensweise und einer Mischung aus Bildung, praktischer Arbeit und Spaß kann das bienenfreundliche Gärtnern zu einer bereichernden Erfahrung für die ganze Familie werden.

Zusammenfassung und Ausblick

Schlusswort

Die Bedeutung der Bienen und anderer Bestäuber für unser Ökosystem ist immens. Sie sind entscheidend für die Bestäubung von Nutz- und Wildpflanzen und sichern so nicht nur die Vielfalt unserer Pflanzenwelt, sondern auch einen erheblichen Teil unserer Nahrungsmittelproduktion. Bedrohungen wie Urbanisierung, intensive Landwirtschaft, Pestizideinsatz, Klimawandel sowie Krankheiten und Parasiten wie die Varroa-Milbe gefährden jedoch ihre Existenz.

Trotz dieser Herausforderungen hast du die Möglichkeit, einen wichtigen Beitrag zum Schutz der Bienen zu leisten. Die Gestaltung eines bienenfreundlichen Gartens ist ein kraftvolles Instrument. Mit der richtigen Pflanzenauswahl, Strukturvielfalt und dem Verzicht auf Pestizide kannst du selbst mit wenig Platz, sei es im Garten, auf dem Balkon oder auf der Terrasse, ein Paradies für Bestäuber schaffen. Die im Buch vorgestellten Konzepte und praktischen Tipps zeigen dir, wie du das unabhängig von deinen gärtnerischen Vorkenntnissen umsetzen kannst.

Ein bienenfreundlicher Garten ist mehr als nur eine Ansammlung von Pflanzen – er ist ein lebendiges, vielfältiges Ökosystem. Wildblumenbeete, Kräutergärten, Nistplätze und Wasserquellen sind entscheidend für das Wohlergehen der Bestäuber und schaffen verschiedene Lebensräume, die den Bienen das ganze Jahr über Nahrung und Schutz bieten.

Nachhaltigkeit und das ökologische Gleichgewicht stehen dabei im Vordergrund. Der Verzicht auf chemische Pestizide, die Verwendung von Kompost und organischen Düngern sowie die Förderung natürlicher Feinde von Schädlingen schützen nicht nur die Bienen, sondern fördern auch die Gesundheit des gesamten Garten-Ökosystems.

Jetzt liegt es an dir, aktiv zu werden. Jeder kleine Schritt zählt – ob es die Pflanzung bienenfreundlicher Blumen auf deinem Balkon, die Umgestaltung eines Teils deines Gartens oder sogar die Neuanlage eines bienenfreundlichen Paradieses ist. Deine Maßnahmen haben eine weitreichende Wirkung, die über deinen Gartenzaun hinausreicht.

Ein bienenfreundlicher Garten trägt nicht nur zur Biodiversität in deiner Umgebung bei, sondern bietet auch dir selbst positive Erfahrungen. Die Beschäftigung mit der Natur, das Beobachten der Bienen und das Erleben des Jahreszyklus fördern Achtsamkeit, Entspannung und ein tieferes Verständnis für ökologische Zusammenhänge.

Teile dein Wissen mit anderen! Indem du Freunde, Familie und Nachbarn für das Thema begeisterst, kannst du eine Kettenreaktion

Zusammenfassung und Ausblick

auslösen und dazu beitragen, dass immer mehr bienenfreundliche Oasen entstehen.

Ressourcen und weiterführende Literatur

Im folgenden Abschnitt finden Sie eine Auswahl an Büchern, Websites und Organisationen, die Ihnen vertiefende Informationen und praktische Unterstützung zum Thema bienenfreundliches Gärtnern und Bienenschutz bieten. Diese Ressourcen können Ihnen dabei helfen, Ihr Wissen zu erweitern und sich für den Schutz der Bienen und anderer Bestäuber zu engagieren.

Bücher

1. **„Phänomen Honigbiene" von Jürgen Tautz**
    - Ein umfassendes Werk über das Leben und Verhalten von Honigbienen, das sowohl wissenschaftliche Erkenntnisse als auch praktische Tipps bietet.
2. **„Honigbienenhaltung" von Werner Gekeler**
    - Ein praktischer Ratgeber für alle, die sich mit der Haltung von Honigbienen beschäftigen möchten.

Websites

1. **BUND (Bund für Umwelt und Naturschutz Deutschland)**
    - bund.net
    - Information zu Bienenschutz, naturnahem Gärtnern und viele weitere Umwelt- und Naturschutzthemen.
2. **Deutscher Imkerbund e.V.**
    - deutscherimkerbund.de
    - Umfassende Informationen zur Imkerei, Veranstaltungen und Beratungsangebote für Hobbyimker.

Organisationen und Initiativen

1. **Greenpeace Deutschland**
    - greenpeace.de

Ressourcen und weiterführende Literatur

- Kampagnen und Studien zur Rettung der Bienen sowie praktische Tipps für bienenfreundliches Gärtnern.

2. **Mellifera e.V.**
   - mellifera.de
   - Ein Verein für wesensgemäße Bienenhaltung, der auch Bildungsprojekte und Forschungsarbeiten unterstützt.

3. **Netzwerk Blühende Landschaft**
   - bluehende-landschaft.de
   - Setzt sich für die Schaffung von Blühflächen zur Verbesserung der Lebensbedingungen der Bienen und Bestäuber ein.

Weiterführende Literatur und Studien

1. **„The Bees in Your Backyard" von Joseph S. Wilson und Olivia Messinger Carril**
   - Eine umfassende Einführung in die Bestimmung und Ökologie der Bienen Nordamerikas, viele Prinzipien sind jedoch auch auf europäische Verhältnisse übertragbar.

2. **„Pollinator Conservation Handbook" von The Xerces Society**
   - Ein praktischer Leitfaden zum Schutz von Bestäubern mit vielen nützlichen Projekten und Tipps.

3. **"Urban Bees: Bringing Back Bees to the City" von Emma Tennant und Alison Benjamin**
   - Dieses Buch beleuchtet die Möglichkeiten und Herausforderungen der Bienenhaltung und -förderung in urbanen Gebieten.

Ressourcen und weiterführende Literatur

Diese Ressourcen sollen Ihnen helfen, Ihre Kenntnisse weiter zu vertiefen und praktikable Maßnahmen zum Schutz der Bienen zu ergreifen. Vielen Dank für Ihr Engagement und Ihre Bereitschaft, einen positiven Beitrag zur Natur zu leisten!

Glossar der wichtigsten Begriffe

Anhang

Abdomen: Der hintere Teil des Körpers einer Biene, der wichtige Verdauungs-, Atmungs- und Fortpflanzungsorgane enthält.

Bioakkumulation: Die Anreicherung von Schadstoffen, wie Pestiziden, in einem Organismus über die Nahrungskette hinweg.

DACH / DACH-Region: Ein Akronym, das Deutschland (D), Österreich (A) und die Schweiz (CH) umfasst.

Deadheading: Das Entfernen verblühter Blütenköpfe, um die Pflanze zur Produktion neuer Blüten anzuregen.

Drainage: Die Ableitung von überschüssigem Wasser aus dem Boden, um Staunässe zu vermeiden und Pflanzenwurzeln zu schützen.

Hämolymphe: Die Körperflüssigkeit von Insekten, die eine ähnliche Funktion wie das Blut bei Wirbeltieren erfüllt.

Hotspot/s: Gebiete oder Punkte mit besonders hoher Bedeutung, z.B. für Biodiversität oder als Lebensraum für Bestäuber.

Hyperthermie-Behandlung: Eine Technik zur Bekämpfung von Bienenschädlingen, bei der die Bienenstöcke kurzzeitig auf erhöhte Temperaturen erhitzt werden.

Königinnenfuttersaft: Ein spezieller Futtersaft, der von Arbeiterbienen produziert wird und ausschließlich der Bienenkönigin und den jungen Larven gefüttert wird.

Melissococcus plutonius: Ein bakterieller Krankheitserreger, der die Amerikanische Faulbrut bei Honigbienen verursacht.

Nisthöhlen: Hohlräume, die von Bienen oder anderen Insekten als Nistplatz genutzt werden, oft in Bäumen oder künstlichen Nistkästen.

Glossar der wichtigsten Begriffe

Nistgänge: Kleine Gänge oder Röhren im Boden, Holz oder anderen Materialien, die von Wildbienen für die Eiablage und Aufzucht der Nachkommen genutzt werden.

Nistplatz: Ein Ort, an dem Tiere, insbesondere Insekten wie Bienen, ihre Nester bauen und ihre Brut aufziehen.

Pathogene: Krankheitserreger wie Bakterien, Viren oder Pilze, die Krankheiten in Organismen verursachen können.

Phänologie: Die Wissenschaft, die sich mit den jahreszeitlichen Zyklen der Pflanzen und Tiere und deren Zusammenhang mit dem Klima befasst.

Rhizome: Unterirdische Sprossachsen, die bei vielen Pflanzenarten vorkommen und der Fortpflanzung und Überdauerung dienen.

Subletale Dosen (von Pestiziden): Mengen eines Pestizids, die nicht tödlich sind, aber dennoch negative Effekte auf den Organismus haben können, z.B. auf das Verhalten oder die Fortpflanzung.

Territorial: Ein Verhalten, bei dem ein Tier ein bestimmtes Gebiet gegenüber Artgenossen verteidigt.

Verdeckelung: Das Verschließen der Zellen im Bienenstock mit einem Deckel aus Wachs, um den Honig oder die entwickelnden Bienenlarven zu schützen.

Win-Win-Situation: Ein Szenario, in dem alle beteiligten Parteien Vorteile aus einer bestimmten Handlung oder Situation ziehen.

Quellenverzeichnis

Obwohl viele der Informationen in diesem Buch aus meiner eigenen Erfahrung und umfassenden Recherchen stammen, möchte ich einige allgemeine Quellen und Literaturhinweise nennen, die eine solide Grundlage für die Themen des bienenfreundlichen Gärtnerns und den Schutz der Bienen bieten.

Bücher
1. **„Honigbienenhaltung" von Werner Gekeler**
   - Ein umfassender Leitfaden für alle, die sich mit der Imkerei und dem Schutz der Honigbienen beschäftigen möchten.
2. **„Wildbienen: Die anderen Bienen" von Paul Westrich**
   - Eine wertvolle Ressource zum Verständnis der Lebensweise und Bedürfnisse der Wildbienen.

Websites
1. **BUND (Bund für Umwelt und Naturschutz Deutschland)**
   - bund.net
   - Bietet umfangreiche Informationen zu Umwelt- und Naturschutzthemen, einschließlich des Schutzes von Bestäubern.
2. **Deutscher Imkerbund e.V.**
   - deutscherimkerbund.de
   - Eine wichtige Ressource für Informationen über Imkerei und Bienenschutz.
3. **Netzwerk Blühende Landschaft**
   - bluehende-landschaft.de
   - Setzt sich für die Förderung von Blühflächen zur Unterstützung von Bestäubern ein.

Quellenverzeichnis

Organisationen und Initiativen

1. **Greenpeace Deutschland**
   - greenpeace.de
   - Führt Kampagnen zum Schutz der Bienen und bietet praktische Tipps und Anleitungen für bienenfreundliches Gärtnern.

2. **Mellifera e.V.**
   - mellifera.de
   - Ein Verein, der sich der wesensgemäßen Bienenhaltung widmet und Bildungsprojekte unterstützt.

3. **Xerxes Society for Invertebrate Conservation**
   - xerces.org
   - Eine führende Organisation im Bereich des Schutzes von Bestäubern und anderen wirbellosen Tieren.

Wissenschaftliche Artikel und Studien

1. **„The Status and Trends of European Pollinators"**
   - Ein umfassender Bericht über den Zustand der Bestäuberpopulationen in Europa, der von der EU veröffentlicht wurde.

2. **„Pollinator Conservation Handbook" von The Xerces Society**
   - Ein praktischer Leitfaden zur Erhaltung von Bestäubern mit zahlreichen Projekten und Tipps.

3. **„Declines in insectivorous birds are associated with high neonicotinoid concentrations in surface water"**
   - Eine Studie, die sich mit den Auswirkungen von Pestiziden auf Bestäuber und andere Vogelarten befasst.

www.ingramcontent.com/pod-product-compliance
Lightning Source LLC
Chambersburg PA
CBHW071052240526
45471CB00015B/1706